配电网精益化管理实务

许鹏 龙飞 蒋鑫 等 编

中国电力出版社
CHINA ELECTRIC POWER PRESS

内 容 提 要

本书根据国家、行业相关标准及国家电网有限公司相关文件，梳理配电网相关管理工作内容，全面阐述了配电网精益化管理内容、要求、流程等。

本书共分 6 章，将配电专业从配电自动化管理、配电网工程管理、配电网信息化管理、配网不停电作业、配电网运维检修管理及配电网运检服务管理 6 个方面对配电网专业相关工作进行细化分解，为配电专业人员提供指导和帮助，也为公司设备部指导、评价和考核配电专业工作任务提供重要依据。

本书可供从事配电网作业相关技术人员、管理人员学习使用，也可供高校相关专业师生参考学习。

图书在版编目（CIP）数据

配电网精益化管理实务 / 许鹏等编. -- 北京：中国电力出版社，2025. 6. -- ISBN 978-7-5198-9803-8

Ⅰ. TM727

中国国家版本馆 CIP 数据核字第 2025XJ8318 号

出版发行：中国电力出版社
地　　址：北京市东城区北京站西街 19 号（邮政编码 100005）
网　　址：http://www.cepp.sgcc.com.cn
责任编辑：赵　杨（010-63412287）
责任校对：黄　蓓　朱丽芳
装帧设计：赵丽媛
责任印制：石　雷

印　　刷：廊坊市文峰档案印务有限公司
版　　次：2025 年 6 月第一版
印　　次：2025 年 6 月北京第一次印刷
开　　本：710 毫米×1000 毫米　16 开本
印　　张：9.25
字　　数：166 千字
定　　价：46.00 元

《配电网精益化管理实务》编写人员

（排名按姓氏笔画排序）

丁智涵	马志杰	马 强	王 楠	王宏波	王嘉辉	王文涛
王晓光	王 轶	王坤隆	王泽宇	王 康	王泽众	龙 飞
卢 毅	宁琳如	安俞伦	巩彦江	吕宁川	刘国峰	刘伯宇
刘 阳	刘方园	刘明昊	刘 亮	刘 坤	刘振宇	祁晓霞
齐 斐	任 启	孙丽娜	孙凌辰	孙亚尚	许 超	许 鹏
何 黎	李 省	李耐心	李凯峰	李岳华	李 华	李 杰
李 刚	李 静	李佳骧	李德宇	李千叶	连 双	吴雪华
吴鹤松	肖 寒	杨小龙	杨鹏伟	张 鹏	张翼鸣	张美慧
张小蕊	张晓磊	张智焜	张 洋	张 超	张 建	宋士蛟
余志森	房兆华	林 硕	林晓菲	孟欣欣	武志效	岳东旭
宗 瑾	洪 州	胡海龙	胡海涛	姜学岭	赵 斌	赵丽萍
赵 一	赵 阳	赵 斌	郭怀龙	高涵冰	高 源	高 静
贾 琦	顾志明	袁 艺	袁 霆	侯 申	曹志刚	康 帅
康景雨	梁 珍	章鹿华	董 杰	韩智刚	蒋 鑫	强宝稳
雷 雨	廉浩然	路 强	虞 明	潘 宇		

前　言

　　为进一步提高配电网精益化管理水平，指导配电专业人员高效开展各项工作，国网冀北电力有限公司组织配电网专业领域专家学者，编纂了《配电网精益化管理实务》。旨在对配电网专业相关工作进行细化分解，为配电专业人员有效支撑相关工作提供指导和帮助，也为公司设备部指导、评价和考核配电专业工作任务提供重要依据。

　　本书将配电专业从配电自动化管理、配电网工程管理、配电网信息化管理、配网不停电作业、配电网运维检修管理以及配电网运检服务管理 6 个方面进行分解，共梳理出 35 个模块、211 个二级分类和 454 项工作细项及附属工作说明，涉及管理规范文件 110 个，技术标准文件 87 个。配电自动化管理方面主要包括配电自动化建设、配电自动化终端检测与调试、配电自动化运维；配电网工程管理方面主要包括工程前期管理、工程实施管理、工程后期管理；配电网信息化管理主要包括 10kV 同期线损管理、供电可靠性管理、电压合格率管理；配网不停电作业主要包括人员资质与培训管理、作业项目管理、工器具及车辆管理等；配电网运维检修管理主要包括生产准备、验收管理，状态管理、缺陷隐患管理等；配电网运检服务管理主要包括配电网抢修管理、投诉事件管理、工单驱动业务管理等。

　　编者结合配电网实际工作开展情况，对配电专业进行系统详尽的调研、总结与分析，通过多年配电网工作经验，形成完备的工作体系指导。但配电网专业工作繁复，且新技术更替频繁，本书中内容可能有所欠缺，恳请读者理解，也希望广大读者能提出宝贵的意见和建议。

编者

2025 年 1 月

目　录

前言

1 配电自动化管理 ···1

　1.1 职责分工 ··1

　　1.1.1 国家电网公司职责 ···1

　　1.1.2 省（自治区、直辖市）公司职责 ··1

　　1.1.3 地市（区、州）公司职责 ···1

　　1.1.4 县公司职责 ···1

　　1.1.5 中国电力科学研究院有限公司（简称中国电科院）职责 ·················2

　　1.1.6 省级电科院职责 ···2

　1.2 配电自动化建设 ··2

　　1.2.1 配电自动化方案规划 ··2

　　1.2.2 配电自动化终端建设 ··2

　　1.2.3 配电自动化主站建设 ··4

　1.3 配电自动化终端检测与调试 ···6

　　1.3.1 配电自动化终端到货检验检测项目 ··6

　　1.3.2 配电自动化终端检测条件与检测方法 ··7

　1.4 配电自动化运维 ··8

　　1.4.1 配电自动化终端运维 ··8

　　1.4.2 配电自动化主站运维 ··9

2 配电网工程管理 ···11

　2.1 职责分工 ···11

　　2.1.1 总则 ···11

　　2.1.2 省公司管理部门职责 ··11

　　2.1.3 地市公司管理部门职责 ···12

　　2.1.4 县供电企业职责 ··13

　2.2 工程前期管理 ···14

2.2.1 项目需求管理 ·· 14

2.2.2 项目编制 ·· 15

2.2.3 设计管理 ·· 16

2.3 工程实施管理 ·· 17

2.3.1 合同管理 ·· 17

2.3.2 施工安全管理 ·· 18

2.3.3 施工质量管理 ·· 19

2.3.4 施工进度管理 ·· 20

2.4 工程后期管理 ·· 21

2.4.1 工程竣工验收管理 ······································ 21

2.4.2 工程结（决）算与审计管理 ······························ 22

2.4.3 工程档案资料管理 ······································ 23

3 配电网信息化管理 ·· 25

3.1 职责分工 ·· 25

3.1.1 省公司职责分工 ·· 25

3.1.2 地市公司、县（市、区）供电公司职责分工 ················ 26

3.2 信息化数据管理 ·· 28

3.2.1 设备资产管理 ·· 28

3.2.2 运检业务管理 ·· 28

3.2.3 系统工作管理 ·· 29

3.3 10kV 同期线损管理 ·· 30

3.3.1 同期线损管理 ·· 30

3.3.2 节能降损管理 ·· 31

3.4 供电可靠性管理 ·· 31

3.4.1 平均供电可靠率管理 ···································· 31

3.4.2 系统平均停电时间管理 ·································· 31

3.4.3 停运事件信息手工维护要求 ······························ 32

3.5 电压合格率管理 ·· 32

3.5.1 供电电压偏差与监测点管理 ······························ 32

3.5.2 电压监测采集与指标管理 ································ 33

3.5.3 供电电压分析与质量提升 ································ 33

3.5.4 无功补偿装置配置与运维管理 ···························· 33

4 配网不停电作业 ··· 35
4.1 职责分工 ··· 35
4.1.1 总则 ··· 35
4.1.2 国家电网公司职责 ································· 35
4.1.3 省（自治区、直辖市）公司职责 ····················· 35
4.1.4 地市公司职责 ····································· 35
4.1.5 县公司职责 ······································· 36
4.1.6 中国电科院职责 ··································· 36
4.1.7 省级电科院职责 ··································· 36
4.2 项目分类 ··· 36
4.2.1 不停电作业方式分类 ······························· 36
4.2.2 常用配网不停电作业项目按照作业难易程度分类 ······ 36
4.3 规划与统计 ··· 37
4.3.1 省公司管理要求 ··································· 37
4.3.2 不停电作业统计、报送，工作计划等要求 ············· 37
4.3.3 不停电作业应统计内容 ····························· 37
4.3.4 不停电作业现场操作规范 ··························· 37
4.4 人员资质与培训管理 ······································· 37
4.4.1 不停电作业人员录取原则 ··························· 37
4.4.2 不停电作业人员资质管理规定 ······················· 38
4.4.3 绝缘斗臂车等特种车辆操作人员等管理规定 ··········· 38
4.4.4 工作票许可人、地面辅助电工等人员管理规定 ········· 38
4.4.5 国家电网公司带电作业实训基地要求 ················· 38
4.4.6 复杂项目开展要求 ································· 38
4.4.7 基层单位带电作业人员管理要求 ····················· 39
4.4.8 基层单位岗位培训要求 ····························· 39
4.4.9 不停电作业人员脱岗返岗要求 ······················· 39
4.4.10 工作负责人和工作票签发人管理要求 ··············· 39
4.4.11 配网不停电作业人员管理要求 ····················· 40
4.5 作业项目管理 ··· 40
4.5.1 省公司管理要求 ··································· 40
4.5.2 市县公司管理要求 ································· 40
4.5.3 不停电作业前期现场勘察要求 ······················· 40

  4.5.4 带电作业现场作业要求 ································· 41

  4.5.5 常规项目管理 ····································· 41

  4.5.6 新项目管理 ······································· 41

  4.5.7 不停电作业处理紧急缺陷或事故抢修，超出本单位已开展的
     不停电作业同类项目范围要求 ···················· 42

  4.5.8 在高海拔地区开展不停电作业要求 ··············· 42

 4.6 工器具及车辆管理 ·································· 43

  4.6.1 不停电作业工器具及车辆管理总体要求 ··········· 43

  4.6.2 开展不停电作业的基层单位要求 ················· 43

  4.6.3 购置不停电作业工器具要求 ····················· 43

  4.6.4 自行研制的不停电作业工器具投入使用要求 ······· 44

  4.6.5 不停电作业工器具管理要求 ····················· 44

  4.6.6 不停电作业工器具存放要求 ····················· 45

  4.6.7 不停电作业绝缘工器具存放环境要求 ············· 45

  4.6.8 不停电作业工器具运输要求 ····················· 45

  4.6.9 不停电作业工器具试验要求 ····················· 45

  4.6.10 绝缘斗臂车一般要求 ·························· 46

  4.6.11 绝缘斗臂车存放要求 ·························· 46

  4.6.12 绝缘斗臂车维护、保养、试验要求 ············· 46

 4.7 资料管理 ·· 46

  4.7.1 开展不停电作业的单位应备有的技术资料和记录 ··· 46

  4.7.2 不停电作业单位资料管理要求 ··················· 48

  4.7.3 各网省公司上报要求 ··························· 48

 4.8 10kV配网不停电作业现场操作规范 ·················· 48

  4.8.1 普通消缺及装拆附件 ··························· 48

  4.8.2 带电更换避雷器 ······························· 49

  4.8.3 带电断引流线（包括熔断器上引线、分支线路引线、
     耐张杆引流线） ······························· 50

  4.8.4 带电接引流线（包括熔断器上引线、分支线路引线、
     耐张杆引流线） ······························· 51

  4.8.5 普通消缺及装拆附件 ··························· 52

  4.8.6 带电辅助加装或拆除绝缘遮蔽 ··················· 53

  4.8.7 带电更换避雷器 ······························· 54

4.8.8 带电断引流线（包括熔断器上引线、分支线路引线、
    耐张杆引流线）………………………………………………54

4.8.9 带电接引流线（包括熔断器上引线、分支线路引线、
    耐张杆引流线）………………………………………………55

4.8.10 带电更换熔断器…………………………………………56

4.8.11 带电更换直线杆绝缘子…………………………………57

4.8.12 带电更换直线杆绝缘子及横担…………………………58

4.8.13 带电更换耐张杆绝缘子串………………………………59

4.8.14 带电更换柱上开关或隔离开关…………………………60

4.8.15 带电更换直线杆绝缘子…………………………………60

4.8.16 带电更换直线杆绝缘子及横担…………………………61

4.8.17 带电更换熔断器…………………………………………62

4.8.18 带电更换耐张绝缘子串及横担…………………………63

4.8.19 带电组立或撤除直线电杆………………………………64

4.8.20 带电更换直线电杆………………………………………65

4.8.21 带电直线杆改终端杆……………………………………65

4.8.22 带负荷更换熔断器………………………………………66

4.8.23 带负荷更换导线非承力线夹……………………………67

4.8.24 带负荷更换柱上开关或隔离开关………………………68

4.8.25 带负荷直线杆改耐张杆…………………………………69

4.8.26 带电断空载电缆线路与架空线路连接引线……………70

4.8.27 带电接空载电缆线路与架空线路连接引线……………71

4.8.28 带负荷直线杆改耐张杆并加装柱上开关或隔离开关……71

4.8.29 不停电更换柱上变压器…………………………………72

4.8.30 旁路作业检修架空线路…………………………………73

4.8.31 旁路作业检修电缆线路…………………………………74

4.8.32 旁路作业检修环网箱……………………………………75

4.8.33 从环网箱（架空线路）等设备临时取电给环网箱、
    移动箱式变电站供电………………………………………76

4.9 不停电作业统计规定……………………………………………77

4.9.1 作业次数……………………………………………………77

4.9.2 不停电作业时间……………………………………………77

4.9.3 减少停电时户数……………………………………………77

4.9.4 多供电量 77

4.9.5 工时数 77

4.9.6 提高供电可靠率 77

4.9.7 不停电作业化率 77

4.10 人员、工器具及车辆配置原则 78

4.10.1 基本要求 78

4.10.2 本原则基本规定 78

4.10.3 工器具及车辆配置原则 78

4.10.4 第一类、二类作业项目人员、工器具和车辆配置要求 ... 78

4.10.5 第三类、四类和作业项目人员、工器具及车辆配置要求 ... 79

5 配电网运维检修管理 81

5.1 职责分工 81

5.1.1 配电网运维职责分工 81

5.1.2 配电网检修职责分工 82

5.2 生产准备 83

5.2.1 配电网工程前期生产准备 83

5.2.2 配电网施工中生产准备 84

5.2.3 配电网竣工验收前生产准备 85

5.3 验收管理 87

5.3.1 验收环节 87

5.3.2 验收类型 88

5.3.3 复验 88

5.3.4 设备台账变更 88

5.3.5 交接试验 88

5.4 配电网维护 89

5.4.1 运维分界 89

5.4.2 巡视检查和防护基本要求 89

5.4.3 巡视责任制 90

5.4.4 巡视计划编制 91

5.4.5 巡视记录 92

5.4.6 巡视内容 92

5.4.7 配电网防护 93

5.4.8 配电网维护 94

5.5　倒闸操作···96

　　5.5.1　倒闸操作原则···96

　　5.5.2　倒闸操作方式···96

　　5.5.3　倒闸操作分类···97

　　5.5.4　倒闸操作基本条件···97

　　5.5.5　操作发令···97

　　5.5.6　操作票···97

　　5.5.7　倒闸操作基本要求···98

　　5.5.8　遥控操作及程序操作·····································98

　　5.5.9　低压电气操作···98

　　5.5.10　砍剪树木···99

　　5.5.11　班组操作票管理···99

5.6　状态管理···99

　　5.6.1　状态管理一般要求···99

　　5.6.2　设备状态信息手段···99

　　5.6.3　设备信息类别···100

　　5.6.4　设备状态评价···101

5.7　缺陷隐患管理···102

　　5.7.1　职责分工···102

　　5.7.2　管理流程···102

　　5.7.3　缺陷管理要求···103

　　5.7.4　缺陷发现···103

　　5.7.5　缺陷建档及上报···104

　　5.7.6　缺陷判定标准···104

　　5.7.7　缺陷分析···104

　　5.7.8　缺陷处理···104

　　5.7.9　消缺验收···105

　　5.7.10　家族缺陷···105

　　5.7.11　检查考核···106

　　5.7.12　隐患管理···106

5.8　专项管理···107

　　5.8.1　防雷···107

　　5.8.2　防外力破坏···107

5.8.3 防鸟害 ·· 107

5.8.4 防小动物 ······································ 107

5.8.5 防凝露 ·· 108

5.8.6 防电缆火灾 ···································· 108

5.8.7 防架空线路山火 ······························ 108

5.9 标准化作业管理 ······································ 108

5.9.1 职责分工 ·· 108

5.9.2 管理内容及要求 ································ 109

5.9.3 评价与考核 ···································· 109

5.10 运行分析管理 ······································ 109

5.10.1 一般要求 ······································ 109

5.10.2 运行分析内容 ································ 110

5.11 保供电管理 ·· 111

5.11.1 供电保障总则 ································ 111

5.11.2 职责分工 ······································ 112

5.11.3 供电保障准备 ································ 112

5.11.4 供电保障实施 ································ 113

5.11.5 检查考核 ······································ 113

5.12 设备退役、档案资料管理 ······················ 114

5.12.1 一般要求 ······································ 114

5.12.2 设备处置原则 ································ 115

5.13 故障处理 ·· 115

5.13.1 一般要求 ······································ 115

5.13.2 故障处理方法 ································ 116

5.13.3 故障统计与分析 ······························ 116

5.14 检修管理 ·· 116

5.14.1 管理内容 ······································ 116

5.14.2 职责分工 ······································ 117

5.14.3 信息收集 ······································ 117

5.14.4 状态评价 ······································ 117

5.14.5 检修策略 ······································ 118

5.14.6 检修周期 ······································ 118

5.14.7 检修计划 ······································ 120

5.14.8　检修实施 ···120

5.14.9　技术监督 ···122

5.14.10　档案资料 ··123

5.14.11　人员培训 ··123

6　配电网运检服务管理 ···124

6.1　职责分工 ···124

6.1.1　省公司职责分工 ···124

6.1.2　地市公司、县（市、区）供电公司职责分工 ············125

6.2　配电网抢修管理 ···126

6.2.1　配电网故障抢修基本要求 ·······························126

6.2.2　故障报修定义、类型和分级 ·····························126

6.2.3　故障报修运行模式 ···127

6.2.4　故障报修业务流程 ···127

6.2.5　客户内部故障处理要求 ·····································128

6.2.6　配电网抢修备品备件管理 ···································129

6.3　95598 停送电信息报送 ·····································129

6.3.1　停送电信息定义 ···129

6.3.2　停送电信息报送渠道 ·······································129

6.3.3　停送电信息报送要求 ·······································129

6.3.4　停送电信息报送流程 ·······································130

6.3.5　生产类停送电信息编译规范 ·································130

6.3.6　停送电信息报送规范 ·······································130

6.4　投诉事件管理 ···130

6.4.1　投诉定义 ···130

6.4.2　投诉分类 ···131

6.4.3　投诉分级 ···131

6.4.4　投诉处理部门 ···131

6.4.5　投诉受理 ···131

6.4.6　接单分理 ···131

6.4.7　投诉处理 ···132

6.4.8　回单审核 ···132

6.4.9　回访 ···132

6.4.10　客户催办 ···132

6.4.11　投诉属实性认定 ································132

6.4.12　投诉申诉 ····································133

6.4.13　投诉升级处置 ································133

6.4.14　证据管理 ····································133

6.5　工单驱动业务管理 ································133

6.5.1　职责分工 ····································133

6.5.2　工单驱动业务目标管理 ·······················134

6.5.3　管理及工作要求 ·····························134

1

配电自动化管理

1.1 职 责 分 工

1.1.1 国家电网公司职责

内容说明：配电自动化建设与运维工作对国家电网有限公司（简称国家电网公司）各部门的职责要求。

管理规定：《国家电网公司配电自动化建设与运维管理规定》[国网（运检/4）411—2014] 第 2 章第 7～13 条。

1.1.2 省（自治区、直辖市）公司职责

内容说明：配电自动化建设与运维工作对省（自治区、直辖市）公司各部门的职责要求。

管理规定：《国家电网公司配电自动化建设与运维管理规定》[国网（运检/4）411—2014] 第 2 章第 15～22 条。

1.1.3 地市（区、州）公司职责

内容说明：配电自动化建设与运维工作对地市（区、州）公司各部门的职责要求。

管理规定：《国家电网公司配电自动化建设与运维管理规定》[国网（运检/4）411—2014] 第 2 章第 24～29 条。

1.1.4 县公司职责

内容说明：配电自动化建设与运维工作对县公司的职责要求。

管理规定：《国家电网公司配电自动化建设与运维管理规定》[国网（运检/4）411—2014] 第 2 章第 30 条。

1.1.5 中国电力科学研究院有限公司（简称中国电科院）职责

内容说明：配电自动化建设与运维工作对中国电科院的职责要求。

管理规定：《国家电网公司配电自动化建设与运维管理规定》[国网（运检/4）411—2014] 第 2 章第 14 条。

1.1.6 省级电科院职责

内容说明：配电自动化建设与运维工作对省级电科院的职责要求。

管理规定：《国家电网公司配电自动化建设与运维管理规定》[国网（运检/4）411—2014] 第 2 章第 23 条。

1.2 配电自动化建设

1.2.1 配电自动化方案规划

配电自动化规划建设原则如下：

（1）配电自动化技术方案编制、项目立项、项目建设、试运行、实用化运行等要求。

技术标准：《配电网技术导则》（Q/GDW 10370—2016）第 4～7 章。

管理规定：《国家电网公司配电自动化建设与运维管理规定》[国网（运检/4）411—2014] 第 3 章第 1 节。

（2）配电自动化设备施工安装条件、施工顺序要求；工程验收和实用化验收要求。

技术标准：《配电自动化系统验收技术规范》（Q/GDW 567—2010）第 4～6 章；《配电自动化实用化验收细则（试行）》[生配电〔2011〕69 号] 第 1～10 章。

管理规定：《国家电网公司配电自动化建设与运维管理规定》[国网（运检/4）411—2014] 第 3 章第 2 节；《关于印发〈配电自动化验收细则〉（第二版）的通知》（生配电〔2011〕90 号）附件 1。

1.2.2 配电自动化终端建设

1.2.2.1 配电自动化终端分类

内容说明：可分为馈线终端（FTU）、站所终端（DTU）、配电变压器终端（TTU）、智能配电变压器终端和具备通信功能的故障指示器等。

技术标准：《配电自动化技术导则》（Q/GDW 382—2009）第 6 章第 6.3 条的6.3.1。

1.2.2.2　站所终端（DTU）应用

包含 DTU 分类、环境条件要求、通信要求、电源要求、技术要求等。

技术标准：《配电自动化终端/子站功能规范》（GDW 514—2010）第 5～7 章；《国网运检部关于做好"十三五"配电自动化建设应用工作的通知》（运检三〔2017〕6 号）附件 4《配电自动化终端技术规范（试行）》。

1.2.2.3　馈线终端（FTU）应用

包含 FTU 分类、环境条件要求、通信要求、电源要求、技术要求等。

技术标准：《配电自动化终端/子站功能规范》（GDW 514—2010）第 5～7 章；《国网运检部关于做好"十三五"配电自动化建设应用工作的通知》（运检三〔2017〕6 号）附件 4《配电自动化终端技术规范（试行）》。

1.2.2.4　智能配电变压器终端应用

内容说明：包含智能配电变压器终端环境条件要求、通信要求、电源要求、技术要求等。

技术标准：《国网设备部关于做好智能配电变压器终端应用工作的通知》（设备配电〔2018〕35 号）附件 1；《智能配变终端技术规范（试行）》第 4～9 章。

1.2.2.5　故障指示器应用

内容说明：现场安装配电线路故障指示器应遵循选型原则、架空线路及电缆线路故障指示器布点原则。

技术标准：《国网冀北电力有限公司运维检修部关于下发配电线路故障指示器选型指导意见的通知》（冀运检〔2017〕33 号）第 3～5 章。

1.2.2.6　馈线自动化建设

内容说明：包括馈线自动化应用模式选型；各应用模式下配套开关、终端、通信及保护配置要求；馈线自动化现场安装、调试及运行维护要求。

技术标准：《配电自动化技术导则》（Q/GDW 382—2009）第 6 章第 6.5 条；《馈线自动化模式选型与配置技术原则（征求意见稿）》第 2～5 章；《国网运检部关于印发配电线路故障指示器选型技术原则（试行）和就地型馈线自动化选型技术原则（试行）的通知》（国家电网运检三〔2016〕130 号）附件。

1.2.3 配电自动化主站建设

1.2.3.1 配电自动化主站建设总体要求

内容说明：配电自动化主站建设应遵循标准性、可靠性、可用性、安全性、扩展性、先进性原则。

技术标准：《国网运检部关于做好"十三五"配电自动化建设应用工作的通知》（运检三〔2017〕6 号）附件 1《配电自动化系统主站功能规范（试行）》第 5 章。

1.2.3.2 配电自动化主站系统架构

内容说明：配电自动化主站系统架构应遵循基本功能全配置、拓展功能根据自身配电网实际和运行管理需要进行选配的原则。

技术标准：《智能电网调度技术支持系统 第 1 部分：体系架构及总体要求》（Q/GDW 680.1—2011）；《配电自动化技术导则》（Q/GDW 382—2009）第 6 章第 6.2 条；《国网运检部关于做好"十三五"配电自动化建设应用工作的通知》（运检三〔2017〕6 号）附件 1《配电自动化系统主站功能规范（试行）》第 6 章；《关于印发〈配电自动化实用化验收细则〉（试行）的通知》（生配电〔2011〕69 号）第 9 章；《配电网调度控制系统技术规范（征求意见稿）》（国调中心〔2013〕335 号）附件 3《配电自动化运行评估规范》第 6 章第 6.4.1 条；《国家电网公司关于加快推进电力监控系统网络安全管理平台建设的通知》（国家电网调〔2017〕1084 号）。

1.2.3.3 配电自动化主站平台建设

内容说明：配电自动化主站面向服务的系统架构应完善数据管理、信息交换、人机控制等功能。

技术标准：《配电自动化技术导则》（Q/GDW 382—2009）第 7 章；《国网运检部关于做好"十三五"配电自动化建设应用工作的通知》（运检三〔2017〕6 号）附件 1 第 7 章；《国网运检部关于印发配电自动化建设相关指导意见的通知》（运检三〔2017〕527 号）附件 3《配电自动化系统主站功能规范》第 6 章第 6.1 节；《关于印发〈配电自动化实用化验收细则〉（试行）的通知》（生配电〔2011〕69 号）第 9 章；《配电网调度控制系统技术规范》（征求意见稿）（国调中心〔2013〕335 号）附件 3《配电自动化运行评估规范》第 7 章、第 9 章。

1.2.3.4 配电设备运行监控

内容说明：配电自动化主站应健全数据采集、处理、记录及计算功能；主站对终端设备的远方控制调节功能；设备移动管理；馈线自动化及负荷转供功能；以及其他根据需要选配的拓展功能如潮流计算等。

技术标准：《国网运检部关于做好"十三五"配电自动化建设应用工作的通知》（运检三〔2017〕6号）附件1第8章；《国网运检部关于印发配电自动化建设相关指导意见的通知》（运检三〔2017〕527号）附件3《配电自动化系统主站功能规范》第6章第6节第6.2.1～6.2.5条；《配电网调度控制系统技术规范》（征求意见稿）（国调中心〔2013〕335号）附件3《配电自动化运行评估规范》第8章第8.1节。

1.2.3.5　配电设备运行状态管控

内容说明：配电自动化主站应具备配电设备数据分析及质量管控功能；宜具备多平台间信息交互功能。

技术标准：《配电自动化技术导则》（Q/GDW 382—2009）第7章；《国网运检部关于做好"十三五"配电自动化建设应用工作的通知》（运检三〔2017〕6号）附件1第9章；《国网运检部关于印发配电自动化建设相关指导意见的通知》（运检三〔2017〕527号）附件3《配电自动化系统主站功能规范》第6章第6.3节的6.3.1～6.3.6；《配电网调度控制系统技术规范》（征求意见稿）（国调中心〔2013〕335号）附件3《配电自动化运行评估规范》第9章。

1.2.3.6　配电自动化系统安全防护方案

配电自动化系统安全防护基本原则：安全分区、网络专用、横向隔离、纵向认证。

技术标准：《电力二次系统安全防护规定》（国家电力监管委员会第5号令）第1章第2节；《电力监控系统安全防护规定》（国家发展和改革委员会令2014年第14号令）第1章第2节；《电力监控系统安全防护总体方案》（国家能源局国能安全〔2015〕36号）第1章第3节；《国网运检部关于做好"十三五"配电自动化建设应用工作的通知》（运检三〔2017〕6号）附件2《配电自动化系统网络安全防护方案》第2章第3节；《中低压电网自动化系统安全防护补充规定（试行）》（国家电网调〔2011〕168号）第1章。

管理规定：《国网运检部关于做好"十三五"配电自动化建设应用工作的通知》（运检三〔2017〕6号）第5章第5.1节。

1.2.3.7　配电自动化系统边界防护

内容说明：边界安全防护要求包括但不限于一区和四区之间、一区和电能管理系统（EMS）之间等边界应符合安全等级要求。

技术标准：《国家电网公司管理信息系统安全防护技术要求》（Q/GDW 1594—2014）第4章；《电力二次系统安全防护规定》（国家电力监管委员会第5号令）第2章；《电力监控系统安全防护规定》（国家发展和改革委员会令2014年第14

号令）第 2 章；《电力监控系统安全防护总体方案》（国家能源局国能安全〔2015〕36 号）第 2 章；《国网运检部关于做好"十三五"配电自动化建设应用工作的通知》（运检三〔2017〕6 号）附件 2《配电自动化系统网络安全防护方案》第 3 章；《中低压电网自动化系统安全防护补充规定（试行）》（国家电网调〔2011〕168 号）第 2 章。

管理规定：《国网运检部关于做好"十三五"配电自动化建设应用工作的通知》（运检三〔2017〕6 号）第 11 章第 11.2 节。

1.2.3.8 不同通信方式接入终端

内容说明：包括配电安全接入网关、数据隔离组件等硬件配置策略。

技术标准：《国网运检部关于做好"十三五"配电自动化建设应用工作的通知》（运检三〔2017〕6 号）附件 2《配电自动化系统网络安全防护方案》第 3 章。

管理规定：《国网运检部关于做好"十三五"配电自动化建设应用工作的通知》（运检三〔2017〕6 号）第 11 章第 11.3 节、附件 1《配电自动化系统主站功能规范（试行）》中附录 B。

1.3 配电自动化终端检测与调试

1.3.1 配电自动化终端到货检验检测项目

1.3.1.1 馈线终端（FTU）的到货全检检测项目

内容说明：包含外观与结构检查，接口检查，主要功能试验，基本性能试验，录波功能试验，录波性能试验，遥信防抖试验，对时试验，绝缘性能试验，电源试验等。

技术标准：《配电自动化终端设备检测规程》（Q/GDW 639—2011）第 5～6 章；《关于进一步加强配电自动化终端、配电线路故障指示器质量管控工作的通知》（国网公司运检〔2017〕131 号）附件 2；《国网运检部关于做好"十三五"配电自动化建设应用工作的通知》（运检三〔2017〕6 号）附件 10。

1.3.1.2 站所终端（DTU）的到货全检检测项目

内容说明：包含外观与结构检查，接口检查，主要功能试验，基本性能试验，录波功能试验，录波性能试验，遥信防抖试验，对时试验，绝缘性能试验，电源试验等。

技术标准：《配电自动化终端设备检测规程》（Q/GDW 639—2011）第 5～6

章;《关于进一步加强配电自动化终端、配电线路故障指示器质量管控工作的通知》（国网公司运检〔2017〕131 号）附件 2;《国网运检部关于做好"十三五"配电自动化建设应用工作的通知》（运检三〔2017〕6 号）附件 10。

1.3.1.3　配电线路故障指示器的到货全检检测项目

内容说明：包含外观与结构检查，功能试验、电气性能试验、电源及功率消耗试验、临近抗干扰试验、通信试验、绝缘性能试验等。

技术标准：《配电自动化终端设备检测规程》（Q/GDW 639—2011）第 5～6 章;《关于进一步加强配电自动化终端、配电线路故障指示器质量管控工作的通知》（国网公司运检〔2017〕131 号）附件 2;《国网运检部关于做好"十三五"配电自动化建设应用工作的通知》（运检三〔2017〕6 号）附件 11、附件 12。

1.3.1.4　融合终端的到货全检检测项目

内容说明：包含硬件性能检查，接口检查，基本性能试验，绝缘性能试验，电源功能试验，对时试验，系统及软件试验，功能检查，通信协议检查等。

技术标准：《国网设备部关于做好智能配变终端应用工作的通知》（设备配电〔2018〕35 号）附件《智能配变终端技术规范（试行）》第 10 章;《配电自动化终端设备检测规程》（Q/GDW 639—2011）第 5～6 章;《台区智能融合终端检测规范》（尚处于征求意见阶段，没有正式标准号）第 6 章。

1.3.2　配电自动化终端检测条件与检测方法

内容说明：馈线终端（FTU）、站所终端（DTU）、配电线路故障指示器、融合终端的检测条件与检测方法；配电自动化终端检测系统要求、气候环境要求、仪表要求等。

技术标准：《配电自动化终端检测技术规范》（Q/GDW 10639—2018）第 5～6 章；馈线终端（FTU）、站所终端（DTU）、配电线路故障指示器到货全检项目：《关于进一步加强配电自动化终端、配电线路故障指示器质量管控工作的通知》（国网公司运检〔2017〕131 号）附件 2;智能配电变压器终端到货全检项目：《台区智能融合终端检测规范》（尚处于征求意见阶段，没有正式标准号）第 5～6 章;智能配电变压器终端到货全检项目：《国网设备部关于做好智能配变终端应用工作的通知》（设备配电〔2018〕35 号）附件《智能配变终端技术规范（试行）》第 10 章。

1.4 配电自动化运维

1.4.1 配电自动化终端运维

1.4.1.1 配电自动化运行管理

内容说明：包括配电自动化终端运行过程中设备巡视、缺陷管理、设备投运及退役管理等要求。

技术标准：《国家电网公司配电自动化建设与运维管理规定》[国网（运检/4）411—2014]第 4 章第 4.1 节；《电力调度自动化系统运行管理规程》（DL/T 516—2017）第 5 章。

管理规定：《国家电网公司配电自动化建设与运维管理规定》[国网（运检/4）411—2014]第 4 章第 44～46 条。

1.4.1.2 检修检验管理

内容说明：包括配电自动化终端运行过程中检修管理要求、验收管理要求、备品备件管理要求。

技术标准：《国家电网公司配电自动化建设与运维管理规定》[国网（运检/4）411—2014]第 4 章第 4.2 节；《电力调度自动化系统运行管理规程》（DL/T 516—2017）第 5 章。

管理规定：《国家电网公司配电自动化建设与运维管理规定》[国网（运检/4）411—2014]第 4 章第 48～50 条。

1.4.1.3 档案资料管理

内容说明：包括配电自动化终端运行过程中档案资料管理要求、检查考核要求。

技术标准：《国家电网公司配电自动化建设与运维管理规定》[国网（运检/4）411—2014]第 4 章第 4.3 节；《电力调度自动化系统运行管理规程》（DL/T 516—2017）第 5 章。

管理规定：《国家电网公司配电自动化建设与运维管理规定》[国网（运检/4）411—2014]第 4 章第 51～52 条。

1.4.2 配电自动化主站运维

1.4.2.1 配电自动化主站系统管理职责

内容说明：配电自动化主站建设与运维工作实施归口管理，严格按照主管部门及运维检修部门职责分工开展工作。

技术标准：《电力调度自动化系统运行管理规程》（DL/T 516—2017）第 4 章第 4.1～4.2 条；《配电自动化系统运行维护管理规范》（Q/GDW 626—2011）第 4 章；《国家电网公司配电自动化建设与运维管理规定》[国网（运检/4）411—2014]第 2 章第 7～30 条。

管理规定：《电力调度自动化系统运行管理规程》（DL/T 516—2017）第 4 章；《配电自动化系统运行维护管理规范》（Q/GDW 626—2011）第 3 章；《国家电网公司配电自动化建设与运维管理规定》[国网（运检/4）411—2014]第 6 条。

1.4.2.2 配电自动化主站运行维护

内容说明：配电自动化主站运行过程中应遵循人员配置规则，按要求进行设备巡视检查及记录；定期检查系统关键进程，保障系统正常运行。

技术标准：《电力调度自动化系统运行管理规程》（DL/T 516—2017）第 5 章；《配电自动化系统运行维护管理规范》（Q/GDW 626—2011）第 5 章；《配电自动化技术导则》（Q/GDW 382—2009）第 10 章；《配电自动化实用化验收细则（试行）》（国家电网生配电〔2011〕69 号）第 7 章、第 9 章；《国家电网公司配电自动化建设与运维管理规定》[国网（运检/4）411—2014]第 4 章；《电力二次系统安全防护规定》（国家电力监管委员会第 5 号令）第 3～5 章；《电力监控系统安全防护总体方案》（国家能源局国能安全〔2015〕36 号）第 4 章。

管理规定：《电力调度自动化系统运行管理规程》（DL/T 516—2017）第 5 章第 5.1、5.2 条；《配电自动化系统运行维护管理规范》（Q/GDW 626—2011）第 5 章；《国家电网公司配电自动化建设与运维管理规定》[国网（运检/4）411—2014]第 4 章第 1 节；《电力监控系统安全防护总体方案》（国家能源局国能安全〔2015〕36 号）第 4 章第 4.2 节。

1.4.2.3 配电自动化系统缺陷管理

内容说明：配电自动化系统发生缺陷时，应严格按照缺陷分类情况进行缺陷响应，并定期进行缺陷分析及系统运行状况分析。

技术标准：《电力调度自动化系统运行管理规程》（DL/T 516—2017）第 7 章第 7.6 条；《配电自动化系统运行维护管理规范》（Q/GDW 626—2011）第 5 章；《国

家电网公司配电自动化建设与运维管理规定》［国网（运检/4）411—2014］第 4 章第 45 条；《配电自动化实用化验收细则（试行）》（国家电网生配电〔2011〕69 号）第 7 章、第 9 章。

管理规定：《配电自动化系统运行维护管理规范》（Q/GDW 626—2011）第 5 章第 5.4.2 条；《国家电网公司配电自动化建设与运维管理规定》［国网（运检/4）411—2014］附件 2。

1.4.2.4 配电自动化设备投退运管理

内容说明：遵照规程规定进行配电自动化设备投退运管理并建立台账。

技术标准：《电力调度自动化系统运行管理规程》（DL/T 516—2017）第 5 章第 5.4 条；《配电自动化系统运行维护管理规范》（Q/GDW 626—2011）第 5 章第 5.6 条；《国家电网公司配电自动化建设与运维管理规定》［国网（运检/4）411—2014］第 4 章第 46 条；《配电自动化实用化验收细则（试行）》（国家电网生配电〔2011〕69 号）第 7 章、第 9 章。

管理规定：《电力调度自动化系统运行管理规程》（DL/T 516—2017）第 5 章第 5.4 条；《配电自动化系统运行维护管理规范》（Q/GDW 626—2011）第 5 章第 5.6.1 条；《国家电网公司配电自动化建设与运维管理规定》［国网（运检/4）411—2014］附件 3。

1.4.2.5 配电自动化主站指标管理

内容说明：配电自动化主站运行期间，应对遥控使用率、遥信正确率、馈线自动化正确率等重要指标进行监测、分析与处理，保证指标合格。

技术标准：《电力调度自动化系统运行管理规程》（DL/T 516—2017）中附录 B；《配电自动化系统运行维护管理规范》（Q/GDW 626—2011）第 7 章第 7.2 条；《配电自动化系统运行维护管理规范》（Q/GDW 626—2011）第 5 章；《国网运检部关于做好"十三五"配电自动化建设应用工作的通知》（运检三〔2017〕6 号）附件 1；《配电自动化实用化验收细则（试行）》（国家电网生配电〔2011〕69 号）第 8 章。

管理规定：《电力调度自动化系统运行管理规程》（DL/T 516—2017）中附录 B；《配电自动化系统运行维护管理规范》（Q/GDW 626—2011）第 7 章；《国网运检部关于做好"十三五"配电自动化建设应用工作的通知》（运检三〔2017〕6 号）附件 1 第 9 章第 9.1 节第 9.1.9 条。

配电网工程管理

2.1 职 责 分 工

2.1.1 总则

省公司配电网按照分级管理、分工负责原则，实行专业化管理。各单位应明确相关部门管理职责，清楚工作范围和管理界面，设置相应岗位，确保配电网管理工作规范有序开展。

2.1.2 省公司管理部门职责

2.1.2.1 发展策划部

发展策划部贯彻执行省公司有关管理制度和技术标准，结合本单位实际制定相关实施细则，并组织实施；组织本单位配电网规划编制、审查、上报和实施工作；配合省公司开展配电网发展规划相关专题研究；负责审批配电网工程可研；负责分解批复地市公司配电网规划；指导、监督、考核地市公司配电网规划管理工作，协调处理重大问题。

2.1.2.2 基建部

基建部贯彻执行公司新建变电站同期配套 10kV 送出线路工程管理制度、技术标准和反事故措施，结合本单位实际制定相关实施细则，并组织实施；制订所管理配电工程项目建设计划；负责工程建设的进度、安全、质量、造价、技术等管理工作；负责初步设计、参建队伍选择、工程结算等建设关键环节集中管理；协调地市公司配电工程建设过程中的重大问题；指导、监督、考核地市公司配电工程设计与建设管理工作。

2.1.2.3 运维检修部

运维检修部贯彻执行省公司有关管理制度、技术标准和反事故措施，结合本单位实际制定相关实施细则，并组织实施；组织开展配电网运维检修环节资产全寿命周期管理；组织开展配电网设备（表箱前）运行维护、故障抢修、状态检修、带电作业、隐患排查治理、技术监督、重要活动供电保障等工作；组织开展配电网改造大修项目全过程管理、配电自动化建设与改造、新技术推广应用、分布式电源/储能装置接入技术管理等工作；负责配电网综合检修计划、大型作业方案、设备检修工艺、现场标准化作业管理；负责配电设施及通道防护、生产应急抢修、配电网防灾减灾等工作；负责配电网生产信息化系统实用化应用管理；参与配电网规划、业扩报装方案制订审查、配电设备物资采购及抽检等工作；指导、监督、考核所属单位配电网运维检修专业管理工作，协调解决重大问题。

2.1.2.4 农村电网专项工程管理部门

农村电网专项工程管理部门贯彻执行省公司有关管理制度、技术标准和反事故措施，结合本单位实际制定相关实施细则，并组织实施；负责农村电网专项工程初步设计审查、项目实施和专项工程的安全、质量管理；参与本单位农村电网规划、农村电网工程可研评审和投资计划编制、工程竣工验收和项目后评估工作。参与相应工程招投标、物资管理等工作；指导、监督、考核地市公司农村电网专项工程管理工作，协调解决重大问题。

管理规定：《国家电网公司配电网全过程闭环管理办法》第 2 章职责与分工。

2.1.3 地市公司管理部门职责

2.1.3.1 发展策划部

发展策划部贯彻执行上级单位有关管理制度、技术标准及相关实施细则；开展负荷调查及预测，组织本单位配电网规划编制、初审、上报工作，配合规划实施，落实与地方规划的衔接；开展配电网工程可研编制、评审；开展配电网相关规划和专题研究；参与电源、用户接入系统方案审查工作。

2.1.3.2 基建部

基建部贯彻执行上级单位新建变电站同期配套 10kV 送出线路工程有关管理制度、技术标准、反事故措施及相关实施负责执行本单位新建变电站同期配套 10kV 送出线路工程项目建设计划；负责工程进度、安全、质量、造价、技术等工作；负责工程初步设计评审、工程结算等建设关键环节集中管理；负责所管理配电工程项目的合同、结算、信息与档案等管理；组织开展所管理配电建设项目的属地协调工作；协调解决所管理配电工程建设过程中有关问题。

2.1.3.3 运维检修部

运维检修部贯彻执行上级单位有关管理制度、技术标准、反事故措施及相关实施细则；开展配电网运维检修环节资产全寿命周期管理；开展配电网设备（表箱前）运行维护、故障抢修、状态检修、带电作业、隐患排查治理、技术监督、重要活动供电保障、配电工程竣工和交接验收等工作；负责配电网改造大修项目实施、合同起草、签订、履行、归档及安全、质量、工艺、工期、费用管控；实施配电自动化建设与改造，应用新技术成果；开展分布式电源/储能装置接入技术管理；制订配电网综合检修计划、审核施工作业方案，执行设备检修工艺和现场标准化作业；开展配电设施及通道防护、生产应急抢修、配电网防灾减灾等工作；开展配电网生产信息化系统实用化应用；参与配电网规划、业扩报装方案制订审查等工作。

管理规定：《国家电网公司配电网全过程闭环管理办法》第 2 章职责与分工。

2.1.4 县供电企业职责

县供电企业职责包括以下内容：

（1）贯彻执行上级单位配电网管理制度、技术标准、反事故措施和实施细则，落实相关工作要求。

（2）开展负荷调查，协助地市公司提出配电网发展需求，配合落实所辖区域配电网规划和前期工作，参与配电网规划、业扩报装方案的编制。

（3）执行所管理配电工程项目建设计划，对工程进度、安全、质量、工艺、造价等工作全面负责；执行设备检修工艺和现场标准化作业；承担所辖区域配电网建设项目的属地协调工作。

（4）承担所辖配电网设备（表箱前）运行维护、故障抢修、状态检修、带电作业、隐患排查治理、技术监督、重要活动供电保障、配电工程竣工和交接验收等工作。

（5）承担所辖配电网改造大修项目实施，编制综合检修计划、施工作业方案，执行设备检修工艺，应用新技术成果，开展现场标准化作业。

（6）承担配电设施及通道防护、生产应急抢修、配电网防灾减灾等工作；开展配电网生产信息化系统实用化应用。

管理规定：《国家电网公司配电网全过程闭环管理办法》 第 2 章职责与分工。

2.2 工程前期管理

2.2.1 项目需求管理

2.2.1.1 网架结构

内容说明：供电半径、联络率、线路绝缘化率符合标准；结合电网发展现状与诊断分析结论，合理配置，优化电网结构。

技术标准：《配电网规划标准化图纸绘制规范》（Q/GDW 11616—2017）第 5 章一般绘制规范、第 6 章地理接线图、第 7 章地下廊道图、第 8 章电网拓扑图；《配电网规划设计技术导则》（DL/T 5729—2016）第 4 章供电区域与规划编制基础、第 6 章主要技术原则、第 7 章电网结构、第 10 章用户及电源接入要求、第 11 章规划计算分析要求。

管理规定：《国家电网公司配电网规划内容深度规定》（Q/GDW 10865—2017）；《国家电网有限公司配电网规划管理规定》（国家电网企管〔2019〕425 号）第 3 章配电网规划的工作内容和一般编制流程。

2.2.1.2 供电能力

内容说明：上报项目结合实际情况与地方控规、总规；考虑当地居民负荷增长需求和产业发展。

技术标准：《配电网规划设计技术导则》（DL/T 5729—2016）第 4 章供电区域与规划编制基础、第 5 章负荷预测与电力平衡、第 6 章主要技术原则、第 10 章用户及电源接入要求、第 11 章规划计算分析要求。

管理规定：《国家电网公司配电网规划内容深度规定》（Q/GDW 10865—2017）；《国家电网有限公司配电网规划管理规定》（国家电网企管〔2019〕425 号）第 3 章配电网规划的工作内容和一般编制流程。

2.2.1.3 配电设备

内容说明：将满足新增负荷增长与老旧改造、消除安全隐患相结合，提高项目投资回报率；提升设备智能化水平。

技术标准：《配电网规划设计技术导则》（DL/T 5729—2016）第 4 章供电区域与规划编制基础、第 8 章设备选型、第 9 章智能化要求、第 10 章用户及电源接入要求、第 11 章规划计算分析要求。

管理规定：《国家电网公司配电网规划内容深度规定》（Q/GDW 10865—

2017);《国家电网有限公司配电网规划管理规定》（国家电网企管〔2019〕425 号）第 3 章配电网规划的工作内容和一般编制流程。

2.2.2 项目编制

2.2.2.1 绘制配电网建设改造地理接线图、拓扑图

内容说明：地理接线图、拓扑图绘制年份应包括现状年、需求年（三年）和目标年，分别以地市、县公司为单位逐年绘制在一张图上，突出反映现状年和目标年不同电压等级电网设施的地理位置、网架结构、电气连接关系等。

技术标准：《配电网规划标准化图纸绘制规范》（Q/GDW 11616—2017）第 5 章一般绘制规范；第 6 章地理接线图；第 7 章地下廊道图；第 8 章电网拓扑图；《配电网规划设计技术导则》（DL/T 5729—2016）第 4 章供电区域与规划编制基础；第 6 章主要技术原则；第 7 章电网结构；第 10 章用户及电源接入要求；第 11 章规划计算分析要求。

管理规定：《国家电网公司配电网规划内容深度规定》（Q/GDW 10865—2017)；《国家电网有限公司配电网规划管理规定》（国家电网企管〔2019〕425 号）第 1 章总则；《10 千伏及以下配电网建设改造项目需求管理提升工作方案》（设备配电〔2019〕55 号）第 8 章编制内容。

2.2.2.2 编制配电网建设改造项目需求明细表、汇总表

内容说明：按照国家电网有限公司有关规定编制配电网建设改造项目需求明细表、汇总表。

技术标准：《配电网规划设计技术导则》（DL/T 5729—2016）第 4 章供电区域与规划编制基础。

管理规定：《国家电网公司配电网规划内容深度规定》（Q/GDW 10865—2017)《项目命名及编码规范》（Q/GDW 11771—2017）3.2 项目命名规范；《国家电网有限公司配电网规划管理规定》（国家电网企管〔2019〕425 号）第 1 章总则；《10 千伏及以下配电网建设改造项目需求管理提升工作方案》（设备配电〔2019〕55 号）第 8 章编制内容。

2.2.2.3 编制项目需求建议书

内容说明：以 10kV 线路、配电台区为单位编制项目需求建议书，项目需求建议书应与配电网建设改造项目需求明细表、汇总表对应，主要内容包括项目必要性、项目方案、项目投资、项目设备和材料和主要附图。

技术标准：《配电网规划标准化图纸绘制规范》（Q/GDW 11616—2017）第 4

章供电区域与规划编制基础、第 5 章符合预测与电力平衡、第 6 章主要技术原则、第 7 章电网结构、第 8 章设备选型、第 9 章智能化要求、第 10 章用户及电源接入要求、第 11 章规划计算分析要求;《配电网规划设计技术导则》(DL/T 5729—2016)第 4 章供电区域与规划编制基础、第 6 章主要技术原则、第 7 章电网结构、第 10 章用户及电源接入要求、第 11 章规划计算分析要求。

管理规定:《国家电网公司配电网规划内容深度规定》(Q/GDW 10865—2017);《国家电网有限公司配电网规划管理规定》(国家电网企管〔2019〕425 号)第 1 章总则;《10 千伏及以下配电网建设改造项目需求管理提升工作方案》(设备配电〔2019〕55 号)第 8 章编制内容。

2.2.3 设计管理

2.2.3.1 可研阶段

内容说明:应执行建设周期内最新国网典型设计。根据项目需求合理编制项目可行性研究报告及估算书;完成专家评审,获得可研批复后开展后期工作;按照估算编制导则,做好技经评审工作;结合当地占地补偿标准,因地制宜做好占地费用预估。

技术标准:《国家电网公司配电网工程典型设计》;《国家电网公司 380/220V 配电网工程典型设计(2018 版)》第一篇总论;《20kV 及以下配电网工程建设概算定额(2022 年版)》第一册建筑工程、第二册电气设备安装工程、第三册架空线路工程、第四册电缆线路工程、第五册通信及自动化工程。

管理规定:《项目可研设计、评审及批复文件编制规范》(Q/GDW 11770—2017)5 可行性研究报告编制要求;《国家电网公司配电网全过程闭环管理办法》第 4 章设计与建设;《国家电网公司配电网优质工程评选管理办法》[国网(运检/3)922—2018]国家电网公司配电网优质工程评价标准。

2.2.3.2 初设阶段

内容说明:根据可研批复及现场勘查成果编制设计说明书、概算书、图纸、设备材料清册等,执行建设周期内最新国网典型设计,经专家评审,获得初设批复后开展后期工作,按照概算编制导则,做好技经评审工作。

技术标准:《国家电网公司配电网工程典型设计》;《国家电网公司 380/220V 配电网工程典型设计(2018 版)》第一篇总论;《20kV 及以下配电网工程建设概算定额(2022 年版)》第一册建筑工程、第二册电气设备安装工程、第三册架空线路工程、第四册电缆线路工程、第五册通信及自动化工程。

管理规定：《国家电网公司配电网全过程闭环管理办法》第4章设计与建设；《国家电网公司配电网优质工程评选管理办法》[国网（运检/3）922—2018] 国家电网公司配电网优质工程评价标准。

2.3 工程实施管理

2.3.1 合同管理

2.3.1.1 合同起草与谈判

内容说明：合同承办部门起草合同时，应汇合归口管理部门按照以下顺序选用合同文本：①国家和地方有关政府部门制定并强制适用的文本；②公司发布的统一合同文本；③合同参考文本；④行业参考性示范文本；⑤其他合同文本。若合同起草出现标的额较大、影响重大、涉及专业技术和法律关系复杂等情形的，合同承办部门应组织财务、法律、技术等人员参与合同起草与谈判，必要时，可聘请外部专家参与相关工作。

管理规定：《国家电网有限公司合同管理办法》（国家电网企管〔2019〕427号）第3章第2节合同起草与谈判。

《国家电网有限公司物资采购合同承办管理办法》（国家电网企管〔2016〕650号）。

2.3.1.2 合同审核与签署

内容说明：合同审核应由合同承办部门在经法系统发起，根据合同涉及事项送相关业务管理部门、物资管理部门（招投标管理部门）、财务管理部门审核，合同归口管理部门审核会签，合同审核部门和审核人员应按照《国家电网有限公司合同审核管理细则》的规定审核合同，并出具审核意见。未经经法系统流转的合同不得签署。

管理规定：《国家电网有限公司合同管理办法》（国家电网企管〔2019〕427号）第3章第3节合同审核与签署；

《国家电网有限公司合同审核管理细则》（国家电网企管〔2017〕136号）；《国家电网有限公司物资采购合同承办管理办法》（国家电网企管〔2016〕650号）。

2.3.1.3 合同履行

内容说明：合同各级单位作为合同当事人，应全面履行合同，并督促其他合同当事人全面履行合同。合同变更、转让、解除原则上须签订书面协议，并由原合同承办部门承办。

管理规定：《国家电网有限公司合同管理办法》（国家电网企管〔2019〕427号）第 4 节合同履行；《国家电网有限公司物资采购合同承办管理办法》（国家电网企管〔2016〕650 号）。

2.3.2　施工安全管理

2.3.2.1　业主项目部安全管理职责

内容说明：业主项目部编制项目安全管理总体策划，监督指导安全文明施工标准化要求在工程项目的有效落实；监督指导安全文明施工费的使用；履行现场勘查制度，定期组织安全文明施工检查及安全管理评价。工程建设期间不发生人身伤亡事故，不发生因质量原因造成的设备或电网事故。

管理规定：《电力安全工作规程（配电部分）》（试行）第 3 章保证安全的组织措施；《电力安全工作规程（线路部分）》（Q/GDW 1799.2—2013）第 9 章线路施工；《国家电网公司基建安全管理规定》[国网（基建/2）173—2015]第 4 章安全标准化管理；《国家电网公司配电网全过程闭环管理办法》第 3 章项目部安全管理；《国家电网公司城乡配网建设与改造工程业主、监理、施工项目部安全管理工作规范（试行）》；《国家电网公司配电网优质工程评选管理办法》[国网（运检/3）922—2018]国家电网公司配电网优质工程评价标准。

2.3.2.2　监理项目部安全管理职责

内容说明：监理项目部编制安全监理工作方案，履行安全文明施工监理职责，采取旁站、巡视、平行检验多种形式，监督施工队伍落实保证安全的组织措施与技术措施；定期组织安全文明施工检查，发现问题及时督促整改，实行闭环管理；对安全文明施工费的使用情况进行监督。

管理规定：《电力安全工作规程（配电部分）》（试行）第 3 章保证安全的组织措施、第 4 章保证安全的技术措施；《电力安全工作规程（线路部分）》（Q/GDW 1799.2—2013）第 9 章线路施工；《国家电网公司基建安全管理规定》[国网（基建/2）173—2015]第 4 章安全标准化管理；《国家电网公司配电网全过程闭环管理办法》第 3 章项目部安全管理；《国家电网公司城乡配网建设与改造工程业主、监理、施工项目部安全管理工作规范（试行）》；《国家电网公司配电网优质工程评选管理办法》[国网（运检/3）922—2018]国家电网公司配电网优质工程评价标准。

2.3.2.3　施工项目部安全管理职责

内容说明：施工项目部是工程项目安全文明施工的责任主体，负责贯彻落实安全文明施工标准化要求，监督施工队伍落实保证安全的组织措施与技术措施，实行文明施工、绿色施工、环保施工；按规定使用安全文明施工费，分阶段申报、分阶段验收，专款专用，配置满足现场安全文明施工需要的设施。

管理规定：《电力安全工作规程（配电部分）》（试行）第 3 章保证安全的组织措施、第 4 章保证安全的技术措施；《电力安全工作规程（线路部分）》（Q/GDW 1799.2—2013）第 9 章线路施工；《国家电网公司基建安全管理规定》[国网（基建/2）173—2015]第 4 章安全标准化管理；《国家电网公司配电网全过程闭环管理办法》第 3 章项目部安全管理；《国家电网公司城乡配网建设与改造工程业主、监理、施工项目部安全管理工作规范（试行）》；《国家电网公司配电网优质工程评选管理办法》[国网（运检/3）922—2018]国家电网公司配电网优质工程评价标准。

2.3.3　施工质量管理

2.3.3.1　项目前期阶段质量管理

内容说明：组织开展项目可行性研究和评审工作，确保可研工作的深度和质量；在项目可研工作中，确定合理的投资估算，保障全寿命周期质量管理目标的实现。

管理规定：《国家电网公司基建质量管理规定》[国网（基建/2）112—2014]第 5 章第 1 节项目前期阶段质量管理。

2.3.3.2　工程前期阶段质量管理

内容说明：落实物资招标采购管理，落实供应商资质审查制度；落实设计、施工、监理等非物资类招标工作，落实资质审查制度，明确相关单位质量工作责任；各类工程招标文件和合同中应明确工程质量违约索赔条款；设计单位提交的工程初步设计文件应符合国家、行业相关的法律法规、标准规范及公司质量制度、标准的要求；开展设计监理的工程项目，监理单位对设计质量、设计进度实施动态控制；工程管理部门和物资管理部门应定期开展工程全寿命周期质量管理分析和评价工作。

管理规定：《国家电网公司基建质量管理规定》[国网（基建/2）112—2014]第 5 章第 2 节工程前期阶段质量管理。

2.3.3.3　工程建设阶段质量管理

内容说明：各级物资管理部门加强设备、材料质量管理，组织开展设备监造、质量抽检，确保设备、材料质量满足标准规范和供货合同要求；业主、设计、施工、监理项目部人员均应具备相应的资质和能力；工程项目各参建单位应结合工程实际开展工程质量管理策划；业主项目部按公司优质工程标准对工程质量进行全过程管理；试运行结束后，启动验收委员会及时办理启动竣工验收证书，完成移交工作。

管理规定：《国家电网公司基建质量管理规定》[国网（基建/2）112—2014]第 5 章第 3 节工程建设阶段质量管理。

2.3.3.4 工程移交后质量管理

工程移交后，建设管理、设计、施工、调试、监理等单位应分别组织编制工程总结，总结工程质量管理中的经验与教训，分析、查找存在问题的原因，提出工作改进措施；设计、施工、监理等单位应按合同规定进行工程投产后的质量回访及保修工作；运行单位负责运行缺陷闭环管理。

管理规定：《国家电网公司基建质量管理规定》[国网（基建/2）112—2014]第 5 章第 4 节工程移交后质量管理。

2.3.4 施工进度管理

2.3.4.1 开工管理

内容说明：开工管理遵循"依法合规、分层报批"原则；工程开工前应满足相应管理要求；开工前需履行以下内部审批手续。

管理规定：《国家电网公司输变电工程进度计划管理办法》[国网（基建/3）179—2014]第 3 章开工管理。

2.3.4.2 工期管理

内容说明：加强工期管理，在合理工期内开展工程建设；合理工期应综合电压等级、气候条件、工艺要求、外部环境、设备供应等因素制定；工程建设不得随意压缩工期；对于超过计划工期的建设项目，各级单位基建管理部门应加强警示督办；工程建设阶段关键路径的实际进度与目标计划发生偏离时，应分析原因，制定并落实纠偏措施。项目开竣工时间在工程建设合理工期范围内。

管理规定：《国家电网公司输变电工程进度计划管理办法》[国网（基建/3）179—2014]第 4 章工期管理；《国家电网公司配电网优质工程评选管理办法》[国网（运检/3）922—2018]国家电网公司配电网优质工程评价标准。

2.3.4.3 进度计划编制

内容说明：进度计划包含以下重要节点信息，项目前期的可研评审、核准；工程前期的初步设计招标、初步设计评审、物资招标、施工及监理招标，以及工程建设阶段的开工、投产等；进度计划编制应充分考虑项目前期、工程前期工作时间及进展情况，严格遵守基本建设程序，合理制定计划确定开工时间。

管理规定：《国家电网公司输变电工程进度计划管理办法》[国网（基建/3）179—2014]第 5 章进度计划编制。

2.3.4.4　进度计划实施

内容说明：各级单位基建管理部门负责协调物资、调度、运检部门，统筹物资供应、停电计划、竣工验收等工作安排，按目标计划对工程建设阶段关键路径加强管控，满足进度计划要求；业主、监理、施工项目部应使用系统，及时、准确地反映项目进度计划实施情况；各级单位基建管理部分根据工作需要，组织召开重点工程建设协调会，协调解决工程建设重大问题，推动工程进度计划实施；必要时，可对个别项目进行进度计划调整。

管理规定：《国家电网公司输变电工程进度计划管理办法》[国网（基建/3）179—2014]第 6 章进度计划实施。

2.3.4.5　检查考核

内容说明：省公司对建设管理单位逐级开展进度计划管理评价和考核；进度计划管理评价与考核内容包括年度建设任务完成、开工管理、合理工期、均衡投产等情况；进度计划管理评价与考核结果纳入同业对标等评价考核体系。

管理规定：《国家电网公司输变电工程进度计划管理办法》[国网（基建/3）179—2014]第 7 章检查考核。

2.4　工程后期管理

2.4.1　工程竣工验收管理

2.4.1.1　隐蔽工程验收

内容说明：隐蔽工程验收应在工程隐蔽前进行，检查内容包括接地体连接、接地体埋设深度、回填土及架空线路三盘安装位置、电缆直埋深度、铺沙及盖板、警示带。隐蔽工程的实施应保留必要的影像资料。

管理规定：《国家电网有限公司 10（20）千伏及以下配电网工程项目管理规定》（国家电网企管〔2019〕429 号）第 9 章工程验收；《冀北电力有限公司农村电网建设与改造工程验收管理办法（试行）》第 8 章验收内容；《国家电网公司配电网全过程闭环管理办法》第 4 章设计与建设；《国家电网公司城乡配网建设与改造工程业主、监理、施工项目部安全管理工作规范（试行）》第 2 章项目部组建与职责;《国家电网公司配电网优质工程评选管理办法》[国网（运检/3）922—2018]国家电网公司配电网优质工程评价标准。

2.4.1.2　中间验收

内容说明：开关站中间验收可按站房建筑、接地装置、配电柜、变压器、二次屏柜等分项工程进行验收；箱式变电站中间验收可按基础、接地装置、本体安装、变压器、二次屏柜等分项工程进行验收；开闭站中间验收可按基础、接地装置、本体安装等分项工程进行验收；配电线路工程中间验收可按基础、电杆组立、电缆管及支架安装、导线架设、电缆敷设、设备安装、装表接线、标示牌与电缆标示桩等分项工程进行验收。

管理规定：《国家电网有限公司 10（20）千伏及以下配电网工程项目管理规定》（国家电网企管〔2019〕429 号）第 9 章工程验收；《冀北电力有限公司农村电网建设与改造工程验收管理办法（试行）》第 8 章验收内容；《国家电网公司配电网全过程闭环管理办法》第 4 章设计与建设；《国家电网公司城乡配网建设与改造工程业主、监理、施工项目部安全管理工作规范（试行）》第 2 章项目部组建与职责;《国家电网公司配电网优质工程评选管理办法》[国网（运检/3）922—2018]国家电网公司配电网优质工程评价标准。

2.4.1.3　投产验收

内容说明：投产验收应在施工单位自验收、监理单位预验收合格后进行，投产完毕后出具工程验收报告。施工单位及时消除验收中发现的缺陷，复验合格后方可投产。配电站房（开关站、配电室、箱式变电站）与出线同期建成且具备带负荷运行条件。

管理规定：《国家电网有限公司 10（20）千伏及以下配电网工程项目管理规定》（国家电网企管〔2019〕429 号）第 9 章工程验收；《冀北电力有限公司农村电网建设与改造工程验收管理办法（试行）》第 8 章验收内容；《国家电网公司配电网全过程闭环管理办法》第 4 章设计与建设；《国家电网公司城乡配网建设与改造工程业主、监理、施工项目部安全管理工作规范（试行）》第 2 章项目部组建与职责;《国家电网公司配电网优质工程评选管理办法》[国网（运检/3）922—2018]国家电网公司配电网优质工程评价标准。

2.4.2　工程结（决）算与审计管理

2.4.2.1　工程结（决）算管理

内容说明：工程验收投产后，应及时组织开展工程结算和竣工决算，及时完成工程转资工作，建立固定资产卡，工程结算应在工程验收投产后 60 日内完成，竣工决算应在验收投产后 90 日内完成。

管理规定：《建设项目工程竣工决算编制规程》（CECA/GC 9—2013）；《配电网规划项目技术经济比选导则》（Q/GDW 11617—2017）。《国家电网有限公司 10（20）千伏及以下配电网工程项目管理规定》（国家电网企管〔2019〕429 号）第 10 章结（决）算与审计；《国家电网公司农网改造升级工程管理办法》[国网（运检/4）208—2017] 第 10 章竣工验收及后评估、第 11 章工程审计与监督。

2.4.2.2　工程审计与监督管理

内容说明：加强配电网工程内部审计监督，认真贯彻落实国家和公司有关工程建设审计规定和办法，对工程项目实行全过程审计监督，同时配合政府部门开展检查工作，对发现的问题要限期整改。

管理规定：《配电网规划项目技术经济比选导则》（Q/GDW 11617—2017）；《国家电网有限公司 10（20）千伏及以下配电网工程项目管理规定》（国家电网企管〔2019〕429 号）第 10 章结（决）算与审计；《国家电网公司农网改造升级工程管理办法》[国网（运检/4）208—2017] 第 10 章竣工验收及后评估、第 11 章工程审计与监督。

2.4.3　工程档案资料管理

2.4.3.1　工程档案资料整理

内容说明：建设管理单位应明确配电网工程设计、施工、监理、业主单位的档案管理职责和档案资料的收集范围，各有关单位做好配电网工程项目文件材料的收集、整理并汇编成套。

管理规定：《国家电网公司电网建设项目档案整理规范》（国家电网办〔2018〕153 号）第 4 章整理原则；《国家电网公司档案管理办法》（国家电网企管〔2014〕1211 号）第 3 章组织建设、第 4 章业务建设、第 5 章信息化建设；《国家电网公司配电网全过程闭环管理办法》第 4 章设计与建设；《国家电网公司城乡配网建设与改造工程业主、监理、施工项目部安全管理工作规范（试行）》第 2 章项目部组建与职责。

2.4.3.2　工程档案资料移交

内容说明：经建设管理单位检查合格后，各有关单位向建设管理单位档案部门或者档案部门制定机构移交，工程档案资料应在竣工投产后 3 个月内进行移交。

管理规定：《国家电网公司档案管理办法》（国家电网企管〔2014〕1211 号）

第 3 章组织建设、第 4 章业务建设、第 5 章信息化建设；《国家电网公司配电网全过程闭环管理办法》第 4 章设计与建设；《国家电网公司城乡配网建设与改造工程业主、监理、施工项目部安全管理工作规范（试行）》第 2 章项目部组建与职责。

2.4.3.3　工程档案资料保管

内容说明：档案管理部门接收时应认真核对，并检查档案质量，履行交接登记手续并按照国家电网公司有关规定保存，同时开展电子档案归档。工程文件归档及时，项目档案真实准确、齐全完整、系统规范。

管理规定：《国家电网公司档案管理办法》（国家电网企管〔2014〕1211 号）第 3 章组织建设、第 4 章业务建设、第 5 章信息化建设；《国家电网公司配电网全过程闭环管理办法》第 4 章设计与建设；《国家电网公司配电网优质工程评选管理办法》[国网（运检/3）922—2018]国家电网公司配电网优质工程评价标准。

3

配电网信息化管理

3.1 职 责 分 工

3.1.1 省公司职责分工

3.1.1.1 省电力公司设备部

内容说明：省电力公司设备部是本省配电网信息化管理的归口管理部门。

管理规定：《国网冀北电力有限公司设备（资产）运维精益管理系统工作管理规定》（冀北电运检〔2018〕633号）第2章第4条。

内容说明：设备公司设备部是本省10kV同期线损、供电可靠性管理归口管理部门。

管理规定：《〈国家电网公司线损基础数据管理规定〉等4项通用制度的通知》（国家电网企管〔2017〕1086号）第2章第3节第17条。

内容说明：省公司设备部是本省电压合格率管理归口管理部门。

管理规定：《国家电网公司供电电压管理规定》[国网（运检/3）412—2018]第2章职责分工第12条。

3.1.1.2 省电力公司发展策划部

内容说明：省公司发展策划部是本省线损管理的归口管理部门，《国家电网公司线损基础数据管理规定》等4项通用制度的通知（国家电网企管〔2017〕1086号）第2章第3节第15条。

内容说明：省公司发展部负责所辖电网的无功规划；在电网建设与改造工程的规划设计中，按照无功补偿配置技术导则组织审定无功补偿模式、无功补偿装置容量及安装地点。

管理规定：《国家电网公司供电电压管理规定》[国网（运检/3）412—2018]第2章职责分工第13条。

3.1.1.3　省电力公司营销部

内容说明：负责 B、C 类电压监测点的供电电压合格率管理。

管理规定：《国家电网公司供电电压管理规定》[国网（运检/3）412—2018]第 2 章职责分工第 14 条。

3.1.1.4　省电力公司调控中心

内容说明：负责 B、C 类电压监测点的供电电压合格率管理。

管理规定：《国家电网公司供电电压管理规定》[国网（运检/3）412—2018]第 2 章职责分工第 15 条。

3.1.1.5　省电力公司科技信通部

内容说明：负责组织协调省公司供电电压自动采集系统的建设运维、所辖范围内通信通道建设运维及信息安全接入等工作。

管理规定：《国家电网公司供电电压管理规定》[国网（运检/3）412—2018]第 2 章职责分工第 16 条。

3.1.2　地市公司、县（市、区）供电公司职责分工

3.1.2.1　地市公司运维检修部、县（市、区）供电公司运维检修部

内容说明：地市公司、县（市、区）供电公司运维检修部是本单位配电网信息化归口管理部门。

管理规定：《国网冀北电力有限公司设备（资产）运维精益管理系统工作管理规定》（冀北电运检〔2018〕633 号）第 2 章第 6 条。

内容说明：地市公司、县（市、区）供电公司运维检修部是本单位 10kV 同期线损、供电可靠性归口管理部门。

管理规定：《国家电网公司线损基础数据管理规定》等 4 项通用制度的通知（国家电网企管〔2017〕1086 号）第 2 章第 4 节第 20 条、第 5 节第 22 条。

管理规定：《国家电网有限公司 95598 客户服务业务管理办法》（国家电网企管〔2019〕907 号）第 2 章第 31 条。

内容说明：地（市）公司运检部（检修分公司）本单位电压合格率管理归口管理部门。

管理规定：《国家电网公司供电电压管理规定》[国网（运检/3）412—2018]第 2 章职责分工第 20 条。

3.1.2.2　地（市）公司发展部

内容说明：地（市）公司发展部负责所辖区域电网的无功规划；在电网建设

与改造工程的规划设计中，按照无功补偿配置技术导则组织审定无功补偿模式、无功补偿装置容量及安装地点。

管理规定：《国家电网公司供电电压管理规定》[国网（运检/3）412—2018]第 2 章职责分工第 21 条。

3.1.2.3　地（市）公司营销部（客户服务中心）

内容说明：地（市）公司营销部（客户服务中心）负责本单位 B、C 类电压监测点的管理。

管理规定：《国家电网公司供电电压管理规定》[国网（运检/3）412—2018]第 2 章职责分工第 22 条。

3.1.2.4　地（市）信通（分）公司

主要职责：地（市）信通（分）公司负责落实供电电压自动采集系统相关的、所辖范围内通信通道建设运维及信息安全接入等工作。

管理规定：《国家电网公司供电电压管理规定》[国网（运检/3）412—2018]第 2 章职责分工第 24 条。

3.1.2.5　地市公司、县（市、区）供电公司电力调度控制中心

内容说明：地市公司、县（市、区）供电公司电力调度控制中心是本单位配电网故障抢修指挥及生产类停送电信息报送业务的归口管理部门。

管理规定：《国家电网有限公司 95598 客户服务业务管理办法》（国家电网企管〔2019〕907 号）第 2 章第 32 条。

内容说明：地（市）公司调控中心负责本单位 A 类电压监测点的管理。

管理规定：《国家电网公司供电电压管理规定》[国网（运检/3）412—2018]第 2 章职责分工第 23 条。

3.1.2.6　地市公司供电服务指挥中心

内容说明：地市公司供电服务指挥中心配合本单位运检、营销、调控专业做好 95598 业务运营的相关支撑工作。

管理规定：《国家电网有限公司 95598 客户服务业务管理办法》（国家电网企管〔2019〕907 号）第 2 章第 33 条。

3.1.2.7　省电动汽车公司地市分支机构

内容说明：省电动汽车公司地市分支机构是本单位 95598 电动汽车充电业务的现场处理部门。

管理规定：《国家电网有限公司 95598 客户服务业务管理办法》（国家电网企管〔2019〕907 号）第 2 章第 33 条。

3.2 信息化数据管理

3.2.1 设备资产管理

3.2.1.1 设备台账管理

内容说明：当设备新增、更换、拆除、退运及接线方式变更时，由各单位设备台账维护人员发起设备变更申请，并提交班组长审核发布。

管理规定：《国网冀北电力有限公司设备（资产）运维精益管理系统工作管理规定》（冀北电运检〔2018〕633号）第3章设备资产管理第15条。

3.2.1.2 电网图形管理

内容说明：当图形发生变更时，由运维人员发起设备变更申请，配电网图形提交设备主管单位复核后，提交配电网调度审核发布。

管理规定：《国网冀北电力有限公司设备（资产）运维精益管理系统工作管理规定》（冀北电运检〔2018〕633号）第3章设备资产管理第14条。

3.2.1.3 备品备件管理

内容说明：当备品备件信息发生变化时，如基建移交、物资采购、报废等，运维单位设备台账维护人员发起设备变更申请，并提交班组长审核发布。

管理规定：《国网冀北电力有限公司设备（资产）运维精益管理系统工作管理规定》（冀北电运检〔2018〕633号）第3章设备资产管理第16条。

3.2.2 运检业务管理

3.2.2.1 巡视管理

内容说明：运行值班人员应在值班当日录入当值运维记录。

管理规定：《国网冀北电力有限公司设备（资产）运维精益管理系统工作管理规定》（冀北电运检〔2018〕633号）第4章运检业务管理第20条。

3.2.2.2 检测管理

内容说明：检修班组根据设备检测周期管理和设备实际状态在设备投运后10个工作日内完成设备检测周期设置。

管理规定：《国网冀北电力有限公司设备（资产）运维精益管理系统工作管理规定》（冀北电运检〔2018〕633）第4章运检业务管理第21条。

3.2.2.3 缺陷管理

内容说明：设备巡视、检测、监控、检查及检修试验等过程中人员发现的缺陷，危急缺陷在 24h 内录入系统，严重缺陷、一般缺陷在 72h 内录入系统。

管理规定：《国网冀北电力有限公司设备（资产）运维精益管理系统工作管理规定》（冀北电运检〔2018〕633 号）第 4 章运检业务管理第 22 条。

3.2.2.4 隐患管理

内容说明：设备巡视、在线监测、设备监控、隐患排查等过程发现的隐患，在 3 个工作日内录入隐患信息。隐患审核流程启动后，各环节处理人员应在 3 个工作日内办理，审核后可直接安排人员进行处理。隐患处理后，在 5 个工作日内完成归档。

管理规定：《国网冀北电力有限公司设备（资产）运维精益管理系统工作管理规定》（冀北电运检〔2018〕633 号）第 4 章运检业务管理第 23 条。

3.2.2.5 故障管理

内容说明：发生故障后，运维班组人员在 24h 内录入故障信息，并提交相关专工审核、定级；故障排除后，应在 3 个工作日内完成故障分析，5 个工作日内完成归档。

管理规定：《国网冀北电力有限公司设备（资产）运维精益管理系统工作管理规定》（冀北电运检〔2018〕633 号）第 4 章运检业务管理第 24 条。

3.2.2.6 两票管理

内容说明：计划性工作的第一种工作票应于工作前 1 日在系统内完成填写、签发、接票流程；第二种工作票、带电作业工作票及临时性工作的第一种工作票可在当日开工前完成上述流程。工作票必须与工作任务单进行关联。

管理规定：《国网冀北电力有限公司设备（资产）运维精益管理系统工作管理规定》（冀北电运检〔2018〕633 号）第 4 章运检业务管理第 28 条。

3.2.2.7 技改大修管理

内容说明：技改大修项目必须与状态评价结果对应，实现技改大修项目与状态评价结果的关联。设备变更申请单应关联相应技改项目改造对象。

管理规定：《国网冀北电力有限公司设备（资产）运维精益管理系统工作管理规定》（冀北电运检〔2018〕633 号）第 4 章运检业务管理第 30 条。

3.2.3 系统工作管理

3.2.3.1 标准数据管理

内容说明：标准数据变更由运行维护单位提出变更申请，运维检修部状态评价管理初级师审核运行维护单位提出的标准数据变更申请，并提交国网冀北电力有限公司审核，待审批通过后统一发布。

管理规定：《国网冀北电力有限公司设备（资产）运维精益管理系统工作管理规定》（冀北电运检〔2018〕633号）第6章系统工作管理第38条。

3.2.3.2　系统完善提升

内容说明：系统应用过程中产生的业务需求变更及系统缺陷问题，由运行维护单位提出变更申请及系统缺陷单，逐级上报上级运维检修部状态评价管理初级师审批。

管理规定：《国网冀北电力有限公司设备（资产）运维精益管理系统工作管理规定》（冀北电运检〔2018〕633号）第6章系统工作管理第38条。

3.2.3.3　系统账号管理

内容说明：各单位人员申请本单位系统账号，由申请人向本级运维检修部提交账号权限新增、调整、注销申请单。

管理规定：《国网冀北电力有限公司设备（资产）运维精益管理系统工作管理规定》（冀北电运检〔2018〕633号）第6章系统工作管理第40条。

3.3　10kV同期线损管理

3.3.1　同期线损管理

内容说明：编制10kV同期线损工作方案及工作计划，月初制订专项治理计划，在电量一体化系统中完成日同期线损指标统计、分析与治理工作。监测10kV同期线损工作进展情况，对各单位开展监督、检查工作；每周一通报各单位分线、专项治理线路等治理情况，针对发现的异常数据，督促相关部门、单位消缺。针对本单位存在的薄弱环节制订计划、明确责任、重点突破，集中力量做好线变关系治理和指标提升工作，确保公司10kV分线指标满足国家电网公司考核要求。

技术标准：Q/GDW 11621—2017《线损基础信息与数据集成技术导则》第5章线损业务基础信息、第6章线损数据集成要求。

管理规定：《国家电网公司线损管理办法》（国家电网企管〔2014〕1605号）[国网（发展/3）476—2014]第19、24、29、62～67条；国家电网公司年度指标要求，关于10kV同期分压、分线、月度经济运行指标、高负损线路、自动化程度、理论线损等相关指标要求。（依据国家电网公司最新指标要求更新。）

3.3.2 节能降损管理

内容说明：制订年度节能降损的技术措施计划，优先安排实施投资少、工期短、降损节电效果显著的工程项目。加强配电网经济运行工作，加大高损配电线路、高损台区综合改造力度，逐步更换高耗能配电变压器，减少高损设备。积极推广应用新技术、新工艺、新设备和新材料，利用科技进步的成果降低技术线损。重视和合理进行无功补偿运行中的变压器，提升线损功率因数。

管理规定：《国家电网公司线损管理办法》[国家电网企管〔2014〕1605 号][国网（发展/3）476—2014] 第 68、70 条；《国家电网公司线损基础数据管理规定》[国家电网企管〔2017〕1086 号]［国网（发展/4）876—2017] 第 17、20、22 条。

3.4 供电可靠性管理

3.4.1 平均供电可靠率管理

3.4.1.1 平均供电可靠率规定

内容说明：平均供电可靠率是指在统计期间内，对用户有效供电时间（小时）与统计期间小时数的比值。

技术标准：对应《供电系统供电可靠性评价规程 第 1 部分：通用要求》（DL/T 836.1—2016）第 4.2.2 条。

3.4.1.2 系统供电可靠性指标统计要求

内容说明：①县公司指标，全口径指标数据，指标统计界面选择含重大事件日、是否剔除申请数据选项为否的；②地市公司指标，以该地市公司所辖的县域公司的用户平均停电时间、等效总用户数加权计算；③省公司指标，以该省公司所辖的县域公司的用户平均停电时间、等效总用户数加权计算。

3.4.2 系统平均停电时间管理

3.4.2.1 系统平均停电时间定义

内容说明：供电系统用户在统计期间内的平均停电小时数。

技术标准：对应《供电系统供电可靠性评价规程 第 1 部分：通用要求》（DL/T 836.1—2016）第 4.2.1 条。

3.4.2.2 系统平均停电时间指标要求

内容说明：用户平均停电时间指数。①用户平均停电时间=∑（每次停电持续时间×每次停电用户数）/统计期间总用户数；②数据统计范围为"市中心＋市区＋城镇＋农村"；③完成目标值的 90%~105%，得指标分值的 100%，根据以下因素加减分，加分累计不超过指标分值的 30%；④目标完成率=指标完成值/指标目标值×100%（指标目标值除年终为全年指标目标值外，其余为考核期内各单位报送的各月预测值的累计值；指标完成值为考核期内的累计值）。

3.4.3 停运事件信息手工维护要求

内容说明：①可靠性数据录入时限要求；②停运事件的状态分类、起止时间、停电设备、技术原因、责任原因及备注说明信息填写要求；③所有非计划停运事件备注填写内容；④停运事件原因及数据录入要求；⑤可靠性数据管理、审核要求。

管理规定：《国家电网公司电力可靠性工作管理办法》。

3.5 电压合格率管理

3.5.1 供电电压偏差与监测点管理

3.5.1.1 供电电压偏差的限值规定

内容说明：供电电压偏差是指电力系统在正常运行条件下供电电压对系统标称电压的偏差。

技术标准：《电能质量技术监督规程》（DL/T 1053—2017）第 6 章电压偏差技术监督第 6.1.2.3 条和 6.1.2.4 条。

3.5.1.2 A、B、C、D 四类监测点设置原则

内容说明：根据电压等级、用户类型等进行 A、B、C、D 四类监测点设置，用于监测各类电压。

管理规定：《国家电网公司供电电压管理规定》［国网（运检/3）412—2018］第 3 章供电电压偏差与监测点管理第 29 条。

3.5.1.3 供电电压监测点动态调整原则

内容说明：对于 A、B、C、D 四类监测点，应当根据地区变电站投运情况、电力用户新增情况、上年度用户年售电量变动情况进行增减，增减的时间节点应

当根据相关规定执行。

管理规定：《国家电网公司供电电压管理规定》[国网（运检/3）412—2018]第 3 章供电电压偏差与监测点管理第 30 条和第 31 条。

3.5.2　电压监测采集与指标管理

内容说明：运检部和各县公司运检部使用 PMS 2.0 供电电压自动采集系统实现监测点台账管理、供电电压监测数据采集与统计分析等功能。信息通信分公司负责落实供电电压自动采集系统相关的、所辖范围内通信通道建设运维及信息安全接入等工作。

技术标准：《电压监测装置技术规范》（Q/GDW 1819—2013）全文；《电压监测仪检验规范》（Q/GDW 1817—2013）全文。

管理规定：《国家电网公司供电电压管理规定》[国网（运检/3）412—2018]第 4 章电压监测采集与指标管理第 32～37 条。

3.5.3　供电电压分析与质量提升

内容说明：各单位应充分利用供电电压自动采集系统、配电网管控系统、订单管理系统（order management system，OMS）、用电信息采集等系统中的电压监测数据开展供电电压统计分析，必要时通过电压实测等手段，及时准确地掌握供电电压情况。对于监测中发现的低电压、高电压和电压波动越限等异常状况，各运维管理单位应进行系统分析，查找问题出现的原因。按照"先管理，后工程"的原则，提出切实的治理措施并组织落实，持续跟踪监测分析。

管理规定：《国家电网公司供电电压管理规定》[国网（运检/3）412—2018]第 5 章供电电压分析与质量提升第 38～42 条。

3.5.4　无功补偿装置配置与运维管理

3.5.4.1　无功补偿装置配置要求

内容说明：发展策划部负责所辖电网的无功规划，合理配置无功补偿装置及调压装置。营销部应要求用户新装（增容）工程应同步配置无功补偿装置。各级运维检修部各级无功电压主管应在电网新建、改造等基建工程应同期考虑无功补偿容量适应性。

技术标准：《6kV～110kV 高压并联电容器装置技术规范》（Q/GDW 11225—2014）全文；《国家电网公司电力系统无功补偿配置技术导则》（Q/GDW 1212—

2015）全文;《电站设备验收规范》（Q/GDW 11651.9—2016）第 9 章并联电容器组全文。

管理规定:《国家电网公司供电电压管理规定》［国网（运检/3）412—2018］第 2 章职责分工第 20～22 条;《国家电网公司供电电压管理规定》第 6 章无功补偿装置配置与运维管理;《国家电网公司供电电压管理规定》［国网（运检/3）412—2018］第 43 条。

3.5.4.2　无功补偿装置和调压装置运维要求

内容说明:变电运维中心、变电检修中心和各县公司运检部无功电压专责对无功补偿装置和调压装置的基础台账管理,负责落实无功补偿装置和调压装置的反事故技术措施,负责提出无功补偿装置增容和改造计划,并跟踪实施进度。

技术标准:《并联电容器装置（集合式电容器装置）状态检修导则》（Q/GDW 451—2010）全文;《并联电容器装置状态评价导则》（Q/GDW 10452—2016）全文;《高压并联电容器装置技术监督导则》（Q/GDW 11082—2013）全文。

管理规定:《国家电网公司供电电压管理规定》［国网（运检/3）412—2018］第 6 章无功补偿装置配置与运维管理第 44 条。

4

配网不停电作业

4.1 职 责 分 工

4.1.1 总则

4.1.1.1 不停电作业管理原则

内容说明：不停电作业按照分级管理、分工负责的原则，实行专业化管理。

技术标准：《10kV 配网不停电作业规范》（Q/GDW 10520—2016）第 5.1.1 条。

管理规定：《国家电网公司配电自动化建设与运维管理规定》〔国网（运检/4）411—2014〕。

4.1.1.2 不停电作业归口管理部门

内容说明：各级运维检修部为不停电作业归口管理部门。

技术标准：《10kV 配网不停电作业规范》（Q/GDW 10520—2016）第 5.1.2 条。

4.1.2 国家电网公司职责

内容说明：国家电网公司的职责要求。

技术标准：《10kV 配网不停电作业规范》（Q/GDW 10520—2016）第 5.2 条。

4.1.3 省（自治区、直辖市）公司职责

内容说明：省（自治区、直辖市）公司的职责要求。

技术标准：《10kV 配网不停电作业规范》（Q/GDW 10520—2016）第 5.3 条。

4.1.4 地市公司职责

内容说明：地市公司的职责要求。

技术标准：《10kV 配网不停电作业规范》（Q/GDW 10520—2016）第 5.4 条。

4.1.5 县公司职责

内容说明：县公司的职责要求。

技术标准：《10kV 配网不停电作业规范》（Q/GDW 10520—2016）第 5.5 条。

4.1.6 中国电科院职责

内容说明：中国电科院的职责要求。

技术标准：《10kV 配网不停电作业规范》（Q/GDW 10520—2016）第 5.6 条。

4.1.7 省级电科院职责

内容说明：省级电科院的职责要求。

技术标准：《10kV 配网不停电作业规范》（Q/GDW 10520—2016）第 5.7 条。

4.2 项 目 分 类

4.2.1 不停电作业方式分类

内容说明：不停电作业方式可分为绝缘杆作业法、绝缘手套作业法和综合不停电作业法。

技术标准：《10kV 配网不停电作业规范》（Q/GDW 10520—2016）第 6.1 条、《10kV 配网不停电作业现场作业规范》（Q/GDW07 006-2021-10501）第 5.1 条。

4.2.2 常用配网不停电作业项目按照作业难易程度分类

内容说明：第一类为简单绝缘杆作业法项目；第二类为简单绝缘手套作业法项目；第三类为复杂绝缘杆作业法和复杂绝缘手套作业法项目；第四类为综合不停电作业项目。

技术标准：《10kV 配网不停电作业规范》（Q/GDW 10520—2016）第 6.2 条、《10kV 配网不停电作业现场作业规范》（Q/GDW07 006-2021-10501）第 5.2 条。

4.3   规 划 与 统 计

4.3.1   省公司管理要求

内容说明：各省公司应将配网不停电作业发展规划纳入运检专业规划统一管理。

技术标准：《10kV 配网不停电作业规范》（Q/GDW 10520—2016）第 7.1 条。

4.3.2   不停电作业统计、报送，工作计划等要求

内容说明：应按月进行不停电作业统计、报送，并做好年度总结工作。根据规划和实际情况，编制次年不停电作业工作计划，经分管领导批准后执行。

技术标准：《10kV 配网不停电作业规范》（Q/GDW 10520—2016）第 7.2 条。

4.3.3   不停电作业应统计内容

内容说明：不停电作业应统计作业次数、作业时间、减少停电时户数、多供电量、工时数、提高供电可靠率、带电作业化率。

技术标准：《10kV 配网不停电作业规范》（Q/GDW 10520—2016）第 7.3 条。

4.3.4   不停电作业现场操作规范

内容说明：不停电作业现场操作规范流程。

技术标准：《10kV 配网不停电作业规范》（Q/GDW 10520—2016）中附录 C。《10kV 配网不停电作业现场作业规范》（Q/GDW07 006-2021-10501）中附录 B、附录 C。

4.4   人员资质与培训管理

4.4.1   不停电作业人员录取原则

内容说明：不停电作业人员应从具备配电专业初级及以上技能水平的人员中择优录用，并持证上岗。

技术标准：《10kV 配网不停电作业规范》（Q/GDW 10520—2016）第 8.1 条、

《10kV 配网不停电作业现场作业规范》（Q/GDW07 006-2021-10501）第 6.1 条。

4.4.2　不停电作业人员资质管理规定

内容说明：不停电作业人员资质申请、复核和专项作业培训按照分类方式由国家电网公司级和省公司级配电网不停电作业实训基地分别负责。国家电网公司级基地负责一至四类项目的培训及考核发证；省公司级基地负责一、二类项目的培训及考核发证。不停电作业实训基地资质认证和复核执行国家电网公司《带电作业实训基地资质认证办法》相关规定。

技术标准：《10kV 配网不停电作业规范》（Q/GDW 10520—2016）第 8.2 条、《10kV 配网不停电作业现场作业规范》（Q/GDW07 006-2021-10501）第 6.2 条。

4.4.3　绝缘斗臂车等特种车辆操作人员等管理规定

内容说明：绝缘斗臂车等特种车辆操作人员及电缆、配电网设备操作人员需经培训、考试合格后，持证上岗。

技术标准：《10kV 配网不停电作业规范》（Q/GDW 10520—2016）第 8.3 条、《10kV 配网不停电作业现场作业规范》（Q/GDW07 006-2021-10501）第 6.3 条。

4.4.4　工作票许可人、地面辅助电工等人员管理规定

内容说明：工作票许可人、地面辅助电工等不直接登杆或上斗作业的人员需经省公司级基地进行不停电作业专项理论培训、考试合格后，持证上岗。

技术标准：《10kV 配网不停电作业规范》（Q/GDW 10520—2016）第 8.4 条、《10kV 配网不停电作业现场作业规范》（Q/GDW07 006-2021-10501）第 6.4 条。

4.4.5　国家电网公司带电作业实训基地要求

内容说明：国家电网公司带电作业实训基地应积极拓展与不停电作业发展相适应的培训项目，加强师资力量，加大培训设备设施的投入，满足不停电作业培训工作的需要。

技术标准：《10kV 配网不停电作业规范》（Q/GDW 10520—2016）第 8.5 条、《10kV 配网不停电作业现场作业规范》（Q/GDW07 006-2021-10501）第 6.5 条。

4.4.6　复杂项目开展要求

内容说明：尚未开展第三、四类配网不停电作业项目的单位应在连续从事第

一、二类作业项目满 2 年人员中择优选择作业人员，经国家电网公司实训基地专项培训并考核合格后，方可开展。

技术标准：《10kV 配网不停电作业规范》（Q/GDW 10520—2016）第 8.6 条、《10kV 配网不停电作业现场作业规范》（Q/GDW07 006-2021-10501）第 6.6 条。

4.4.7　基层单位带电作业人员管理要求

内容说明：各基层单位应针对不停电作业特点，定期组织不停电作业人员进行规程、专业知识的培训和考试，考试不合格者，不得上岗。经补考仍不合格者应重新进行规程和专业知识培训。

技术标准：《10kV 配网不停电作业规范》（Q/GDW 10520—2016）第 8.7 条、《10kV 配网不停电作业现场作业规范》（Q/GDW07 006-2021-10501）第 6.7 条。

4.4.8　基层单位岗位培训要求

内容说明：基层单位应按有关规定和要求，认真开展岗位培训工作，每月不应少于 8 个学时。

技术标准：《10kV 配网不停电作业规范》（Q/GDW 10520—2016）第 8.8 条、《10kV 配网不停电作业现场作业规范》（Q/GDW07 006-2021-10501）第 6.8 条。

4.4.9　不停电作业人员脱岗返岗要求

内容说明：不停电作业人员脱离本工作岗位 3 个月以上者，应重新学习《国家电网公司《电力安全工作规程（配电部分）》和带电作业有关规定，并经考试合格后，方能恢复工作；脱离本工作岗位 1 年以上者，收回其带电作业资质证书，需返回带电作业岗位者，应重新取证。

技术标准：《10kV 配网不停电作业规范》（Q/GDW 10520—2016）第 8.9 条、《10kV 配网不停电作业现场作业规范》（Q/GDW07 006-2021-10501）第 6.9 条。

4.4.10　工作负责人和工作票签发人管理要求

内容说明：工作负责人和工作票签发人按《国家电网公司电力安全工作规程（配电部分）》所规定的条件和程序审批。

技术标准：《10kV 配网不停电作业规范》（Q/GDW 10520—2016）第 8.10 条、《10kV 配网不停电作业现场作业规范》（Q/GDW07 006-2021-10501）第 6.10 条。

4.4.11 配网不停电作业人员管理要求

内容说明：配网不停电作业人员不宜与输、变电专业带电作业人员、停电检修作业人员混岗。人员队伍应保持相对稳定，人员变动应征求本单位主管部门的意见。

技术标准：《10kV 配网不停电作业规范》（Q/GDW 10520—2016）第 8.11 条、《10kV 配网不停电作业现场作业规范》（Q/GDW07 006-2021-10501）第 6.11 条。

4.5 作业项目管理

4.5.1 省公司管理要求

内容说明：各省公司要按照《配电线路带电作业技术导则》（GB/T 18857—2019）、《10kV 电缆线路不停电作业技术导则》（Q/GDW 710—2012）的要求，结合配网不停电作业发展规划，积极研究、不断完善各类不停电作业项目，逐步扩大不停电作业的规模。

技术标准：《10kV 配网不停电作业规范》（Q/GDW 10520—2016）第 9.1 条、《10kV 配网不停电作业现场作业规范》（Q/GDW07 006-2021-10501）第 7.1 条、《配电线路带电作业技术导则》（GB/T 18857—2019）、《10kV 电缆线路不停电作业技术导则》（Q/GDW 710—2012）。

4.5.2 市县公司管理要求

内容说明：各市县公司应根据国家标准、行业标准及国家电网公司发布的技术导则、规程及相关规定，结合作业现场具体情况编制每类作业项目的现场操作规程、标准化作业指导书，经审批后实施。

技术标准：《10kV 配网不停电作业规范》（Q/GDW 10520—2016）第 9.2 条、《10kV 配网不停电作业现场作业规范》（Q/GDW07 006-2021-10501）第 7.2 条。

4.5.3 不停电作业前期现场勘察要求

内容说明：不停电作业项目在实施前，应进行现场勘察，确认是否具备作业条件，并审定作业方法、安全措施和人员、工器具及车辆配置。

技术标准：《10kV 配网不停电作业规范》（Q/GDW 10520—2016）第 9.3 条、

《10kV 配网不停电作业现场作业规范》（Q/GDW07 006-2021-10501）第 7.3 条。

4.5.4 带电作业现场作业要求

内容说明：不停电作业项目需要不同班组协同作业时，应设项目总协调人。

技术标准：《10kV 配网不停电作业规范》（Q/GDW 10520—2016）第 9.4 条、《10kV 配网不停电作业现场作业规范》（Q/GDW07 006-2021-10501）第 7.4 条。

4.5.5 常规项目管理

4.5.5.1 各市县公司管理要求

内容说明：各市县公司应将技术成熟、操作规范的作业项目列为常规项目，并编制相应的标准化作业指导书，由本单位不停电作业管理部门审查，经分管领导（总工程师）批准后执行。项目实施时，应根据现场实际情况补充和完善安全措施。

技术标准：《10kV 配网不停电作业规范》（Q/GDW 10520—2016）第 9.5.1 条、《10kV 配网不停电作业现场作业规范》（Q/GDW07 006-2021-10501）第 7.5.1 条。

4.5.5.2 各省公司管理要求

内容说明：各省公司在定期对各基层单位不停电作业工作开展情况全面检查的基础上，对其不停电作业管理、人员技术力量、工器具、车辆装备状况等方面进行综合评估，并根据评估结果对开展的常规项目进行审核和调整。

技术标准：《10kV 配网不停电作业规范》（Q/GDW 10520—2016）第 9.5.2 条、《10kV 配网不停电作业现场作业规范》（Q/GDW07 006-2021-10501）第 7.5.2 条。

4.5.6 新项目管理

4.5.6.1 新开展的不停电作业项目要求

内容说明：新开展的不停电作业项目应经上级归口管理部门批准。

技术标准：《10kV 配网不停电作业规范》（Q/GDW 10520—2016）第 9.6.1 条、《10kV 配网不停电作业现场作业规范》（Q/GDW07 006-2021-10501）第 7.6.1 条。

4.5.6.2 开发不停电作业新项目要求

内容说明：开发不停电作业新项目（含研制、试用的新工器具、新工艺）应按先论证、再试点、后推广的原则，由各基层单位提出，上级归口管理部门认定。

技术标准：《10kV 配网不停电作业规范》（Q/GDW 10520—2016）第 9.6.2 条、《10kV 配网不停电作业现场作业规范》（Q/GDW07 006-2021-10501）第 7.6.2 条。

4.5.6.3 新项目应用前要求

内容说明：新项目应用前，应进行模拟操作并通过上级归口管理部门组织的技术鉴定。技术鉴定应具备资料包括新工具组装图及机械、电气试验报告，新项目或新工具研制报告，作业指导书，技术报告。

技术标准：《10kV 配网不停电作业规范》（Q/GDW 10520—2016）第 9.6.3 条、《10kV 配网不停电作业现场作业规范》（Q/GDW07 006-2021-10501）第 7.6.3 条。

4.5.6.4 通过技术鉴定的不停电作业新项目应用要求

内容说明：通过技术鉴定的不停电作业新项目应编制现场作业规程，经本单位不停电作业管理部门审核，分管领导（总工程师）批准后，方可在带电设备上应用。

技术标准：《10kV 配网不停电作业规范》（Q/GDW 10520—2016）第 9.6.4 条、《10kV 配网不停电作业现场作业规范》（Q/GDW07 006-2021-10501）第 7.6.4 条。

4.5.6.5 不停电作业新项目转为常规项目要求

内容说明：不停电作业新项目转为常规项目需经基层单位分管领导（总工程师）批准，并报上级归口管理部门备案，方可逐步推广应用。

技术标准：《10kV 配网不停电作业规范》（Q/GDW 10520—2016）第 9.6.5 条、《10kV 配网不停电作业现场作业规范》（Q/GDW07 006-2021-10501）第 7.6.5 条。

4.5.7 不停电作业处理紧急缺陷或事故抢修，超出本单位已开展的不停电作业同类项目范围要求

内容说明：不停电作业处理紧急缺陷或事故抢修，若超出本单位已开展的不停电作业同类项目范围，应根据现场实际情况制定并落实可靠的安全措施，经本单位分管领导（总工程师）批准后方可进行。

技术标准：《10kV 配网不停电作业规范》（Q/GDW 10520—2016）第 9.7 条、《10kV 配网不停电作业现场作业规范》（Q/GDW07 006-2021-10501）第 7.7 条。

4.5.8 在高海拔地区开展不停电作业要求

内容说明：在高海拔地区开展不停电作业时，3000m 以下地区与平原地区技术参数一致，3000m 以上地区相地最小安全距离 0.6m，相间距离 0.8m，绝缘承力工具最小有效绝缘长度 0.6m，绝缘操作工具最小有效绝缘长度 0.9m，绝缘遮蔽重叠不应小于 0.2m。

技术标准：《10kV 配网不停电作业规范》（Q/GDW 10520—2016）第 9.8 条。

4.6 工器具及车辆管理

4.6.1 不停电作业工器具及车辆管理总体要求

内容说明：不停电作业工器具（包括带电作业用绝缘遮蔽用具、个人防护用具、检测仪器等）及作业车辆状况直接关系作业人员的安全，应严格管理。

技术标准：《10kV 配网不停电作业规范》（Q/GDW 10520—2016）第 10.1 条；《10kV 配网不停电作业现场作业规范》（Q/GDW07 006-2021-10501）第 8.1 条；《电容型验电器》（DL/T 740—2014）；《带电作业用绝缘袖套》（DL/T 778—2014）；《带电作业用绝缘绳索类工具》（DL/T 779—2021）；《带电作业用绝缘工具试验导则》（DL/T 878—2021）；《带电作业用工具、装置和设备使用的一般要求》（DL/T 877—2004）；《带电作业用导线软质遮蔽罩》（DL/T 880—2021）；《带电作业工具、装置和设备预防性试验规程》（DL/T 976—2017）；《10kV 带电作业用绝缘服装》（DL/T 1125—2009）；《带电作业用绝缘毯》（DL/T 803—2015）；《10kV 带电作业用绝缘平台》（DL/T 1465—2015）；《带电作业用工具库房》（DL/T 974—2018）；《带电作业用遮蔽罩》（GB/T 12168—2006）；《带电作业用空心绝缘管、泡沫填充绝缘管和实心绝缘棒》（GB 13398—2008）；《带电作业用绝缘手套》（GB/T 17622—2008）；《带电作业工具设备术语》（GB/T 14286—2021）；《配电线路带电作业技术导则》（GB/T 18857—2019）；《10kV 旁路作业设备技术条件》（Q/GDW 249—2009）；《10kV 线缆线路不停电作业技术导则》（Q/GDW 710—2012）；《10kV 带电作业用消弧开关技术条件》（Q/GDW 1811—2013）；《国家电网公司电力安全工作规程（配电部分）》。

4.6.2 开展不停电作业的基层单位要求

内容说明：开展不停电作业的基层单位应配齐相应的工器具、车辆等装备。

技术标准：《10kV 配网不停电作业规范》（Q/GDW 10520—2016）第 10.2 条、《10kV 配网不停电作业现场作业规范》（Q/GDW07 006-2021-10501）第 8.2 条。

4.6.3 购置不停电作业工器具要求

内容说明：购置不停电作业工器具应选择具备生产资质的厂家，产品应通过型式试验，并按不停电作业有关技术标准和管理规定进行出厂试验、交接试验，试验合格后，方可投入使用。

技术标准：《10kV 配网不停电作业规范》（Q/GDW 10520—2016）第 10.3 条、《10kV 配网不停电作业现场作业规范》（Q/GDW07 006-2021-10501）第 8.3 条、《电容型验电器》（DL/T 740—2014）；《带电作业用绝缘袖套》（DL/T 778—2014）；《带电作业用绝缘绳索类工具》（DL/T 779—2021）；《带电作业用绝缘工具试验导则》（DL/T 878—2021）；《带电作业用工具、装置和设备使用的一般要求》（DL/T 877—2004）；《带电作业用导线软质遮蔽罩》（DL/T 880—2021）；《带电作业工具、装置和设备预防性试验规程》（DL/T 976—2017）；《10kV 带电作业用绝缘服装》（DL/T 1125—2009）；《带电作业用绝缘毯》（DL/T 803—2015）；《10kV 带电作业用绝缘平台》（DL/T 1465—2015）；《带电作业用遮蔽罩》（GB/T 12168—2006）；《带电作业用空心绝缘管、泡沫填充绝缘管和实心绝缘棒》（GB 13398—2008）；《带电作业用绝缘手套》（GB/T 17622—2008）；《带电作业工具设备术语》（GB/T 14286—2021）。

4.6.4　自行研制的不停电作业工器具投入使用要求

内容说明：自行研制的不停电作业工器具，必须经具有资质的单位进行相应的电气、机械试验，合格后方可使用。

技术标准：《10kV 配网不停电作业规范》（Q/GDW 10520—2016）第 10.4 条、《10kV 配网不停电作业现场作业规范》（Q/GDW07 006-2021-10501）第 8.4 条。《电容型验电器》（DL 740—2014）；《带电作业用绝缘袖套》（DL 778—2014）；《带电作业用绝缘绳索类工具》（DL 779—2021）；《带电作业用绝缘工具试验导则》（DL/T 878—2021）；《带电作业用工具、装置和设备使用的一般要求》（DL/T 877—2004）；《带电作业用导线软质遮蔽罩》（DL/T 880—2021）；《带电作业工具、装置和设备预防性试验规程》（DL/T 976—2017）；《10kV 带电作业用绝缘服装》（DL/T 1125—2009）；《带电作业用绝缘毯》（DL/T 803—2015）；《10kV 带电作业用绝缘平台》（DL/T 1465—2015）；《带电作业用遮蔽罩》（GB/T 12168—2006）；《带电作业用空心绝缘管、泡沫填充绝缘管和实心绝缘棒》（GB 13398—2008）；《带电作业用绝缘手套》（GB/T 17622—2008）；《带电作业工具设备术语》（GB/T 14286—2021）。

4.6.5　不停电作业工器具管理要求

内容说明：不停电作业工器具应设专人管理，并做好登记、保管工作。不停电作业工器具应有唯一的永久编号，应建立工器具台账，包括名称、编号、购置日期、有效期限、适用电压等级、试验记录等内容。台账应与试验报告、试验合格证一致。

技术标准：《10kV 配网不停电作业规范》（Q/GDW 10520—2016）第 10.5 条、《10kV 配网不停电作业现场作业规范》（Q/GDW07 006-2021-10501）第 8.5 条、《带电作业工具、装置和设备预防性试验规程》（DL/T 976—2017）；《带电作业用工具库房》（DL/T 974—2018）。

4.6.6　不停电作业工器具存放要求

内容说明：不停电作业工器具应放置于专用工具柜或库房内。工具柜应具有通风、除湿等功能且配备温度表、湿度表。库房应符合 DL/T 974—2017 的要求。

技术标准：《10kV 配网不停电作业规范》（Q/GDW 10520—2016）第 10.6 条、《10kV 配网不停电作业现场作业规范》（Q/GDW07 006-2021-10501）第 8.6 条、《带电作业用工具库房》（DL/T 974—2018）。

4.6.7　不停电作业绝缘工器具存放环境要求

内容说明：不停电作业绝缘工器具若在相对湿度超过 80% 的环境中使用，宜使用移动库房或智能工具柜等设备，防止绝缘工器具受潮。

技术标准：《10kV 配网不停电作业规范》（Q/GDW 10520—2016）第 10.7 条、《10kV 配网不停电作业现场作业规范》（Q/GDW07 006-2021-10501）第 8.7 条、《带电作业用工具库房》（DL/T 974—2018）。

4.6.8　不停电作业工器具运输要求

内容说明：不停电作业工器具运输过程中，应装在专用工具袋、工具箱或移动库房内，防止受潮和损坏。发现绝缘工具受潮或表面损伤、脏污时，应及时处理并经检测或试验合格后方可使用。

技术标准：《10kV 配网不停电作业规范》（Q/GDW 10520—2016）第 10.8 条、《10kV 配网不停电作业现场作业规范》（Q/GDW07 006-2021-10501）第 8.8 条。

4.6.9　不停电作业工器具试验要求

内容说明：不停电作业工器具应按 DL/T 976—2017、Q/GDW 249—2009、Q/GDW 710—2012 和 Q/GDW 1811—2013 等标准的要求进行试验，并粘贴试验结

果和有效日期标签，做好信息记录。试验不合格时，应查找原因，处理后允许进行第二次试验，试验仍不合格的，则应报废。报废的工器具应及时清理出库，不得与合格品存放在一起。

技术标准：《10kV 配网不停电作业规范》（Q/GDW 10520—2016）第 10.9 条、《10kV 配网不停电作业现场作业规范》（Q/GDW07 006-2021-10501）第 8.9 条、《带电作业用绝缘工具试验导则》（DL/T 878—2021）、《带电作业用工具、装置和设备使用的一般要求》（DL/T 877—2004）、《带电作业工具、装置和设备预防性试验规程》（DL/T 976—2017）。

4.6.10 绝缘斗臂车一般要求

内容说明：绝缘斗臂车不宜用于停电作业。

技术标准：《10kV 配网不停电作业规范》（Q/GDW 10520—2016）第 10.10 条、《10kV 配网不停电作业现场作业规范》（Q/GDW07 006-2021-10501）第 8.10 条。

4.6.11 绝缘斗臂车存放要求

内容说明：绝缘斗臂车应存放在干燥通风的专用车库内，长时间停放时，应将支腿支出。

技术标准：《10kV 配网不停电作业规范》（Q/GDW 10520—2016）第 10.11 条、《10kV 配网不停电作业现场作业规范》（Q/GDW07 006-2021-10501）第 8.11 条。

4.6.12 绝缘斗臂车维护、保养、试验要求

内容说明：绝缘斗臂车应定期维护、保养、试验。

技术标准：《10kV 配网不停电作业规范》（Q/GDW 10520—2016）第 10.12 条、《10kV 配网不停电作业现场作业规范》（Q/GDW07 006-2021-10501）第 8.12 条。

4.7 资 料 管 理

4.7.1 开展不停电作业的单位应备有的技术资料和记录

4.7.1.1 国家、行业及公司系统不停电作业相关标准、导则、规程及制度

内容说明：开展不停电作业的单位应备有国家、行业及公司系统不停电作业相关标准、导则、规程及制度。

技术标准：《10kV 配网不停电作业规范》（Q/GDW 10520—2016）第 11.1.1 条、《10kV 配网不停电作业现场作业规范》（Q/GDW07 006-2021-10501）第 10.1.1 条。

4.7.1.2 不停电作业现场操作规程、规章制度、标准化作业指导书

内容说明：开展不停电作业的单位应备有不停电作业现场操作规程、规章制度、标准化作业指导书。

技术标准：《10kV 配网不停电作业规范》（Q/GDW 10520—2016）第 11.1.2 条、《10kV 配网不停电作业现场作业规范》（Q/GDW07 006-2021-10501）第 10.1.2 条。

4.7.1.3 工作票签发人、工作负责人名单和不停电作业人员资质证书

内容说明：开展不停电作业的单位应备有工作票签发人、工作负责人名单和不停电作业人员资质证书。

技术标准：《10kV 配网不停电作业规范》（Q/GDW 10520—2016）第 11.1.3 条、《10kV 配网不停电作业现场作业规范》（Q/GDW07 006-2021-10501）第 10.1.3 条。

4.7.1.4 不停电作业工作有关记录

内容说明：开展不停电作业的单位应备有不停电作业工作有关记录。

技术标准：《10kV 配网不停电作业规范》（Q/GDW 10520—2016）第 11.1.4 条、《10kV 配网不停电作业现场作业规范》（Q/GDW07 006-2021-10501）第 10.1.4 条。

4.7.1.5 不停电作业工器具台账、出厂资料及试验报告

内容说明：开展不停电作业的单位应备有不停电作业工器具台账、出厂资料及试验报告。

技术标准：《10kV 配网不停电作业规范》（Q/GDW 10520—2016）第 11.1.5 条、《10kV 配网不停电作业现场作业规范》（Q/GDW07 006-2021-10501）第 10.1.5 条。

4.7.1.6 不停电作业车辆台账及定期检查、试验和维修的记录

内容说明：开展不停电作业的单位应备有不停电作业车辆台账及定期检查、试验和维修的记录。

技术标准：《10kV 配网不停电作业规范》（Q/GDW 10520—2016）第 11.1.6 条、《10kV 配网不停电作业现场作业规范》（Q/GDW07 006-2021-10501）第 10.1.6 条。

4.7.1.7 不停电作业技术培训和考核记录

内容说明：开展不停电作业的单位应备有不停电作业技术培训和考核记录。

技术标准：《10kV 配网不停电作业规范》（Q/GDW 10520—2016）第 11.1.7 条、《10kV 配网不停电作业现场作业规范》（Q/GDW07 006-2021-10501）第 10.1.7 条。

4.7.1.8 系统一次接线图、参数等图表

内容说明：开展不停电作业的单位应备有系统一次接线图、参数等图表。

技术标准：《10kV 配网不停电作业规范》（Q/GDW 10520—2016）第 11.1.8 条、《10kV 配网不停电作业现场作业规范》（Q/GDW07 006-2021-10501）第 10.1.8 条。

4.7.1.9 不停电作业事故及重要事项记录

内容说明：开展不停电作业的单位应备有不停电作业事故及重要事项记录。

技术标准：《10kV 配网不停电作业规范》（Q/GDW 10520—2016）第 11.1.9 条、《10kV 配网不停电作业现场作业规范》（Q/GDW07 006-2021-10501）第 10.1.9 条。

4.7.1.10 其他资料

内容说明：开展不停电作业的单位应备有不停电作业的相关其他资料。

技术标准：《10kV 配网不停电作业规范》（Q/GDW 10520—2016）第 11.1.10 条、《10kV 配网不停电作业现场作业规范》（Q/GDW07 006-2021-10501）第 10.1.10 条。

4.7.2 不停电作业单位资料管理要求

内容说明：不停电作业单位应妥善保管不停电作业技术档案和资料。

技术标准：《10kV 配网不停电作业规范》（Q/GDW 10520—2016）第 11.2 条、《10kV 配网不停电作业现场作业规范》（Q/GDW07 006-2021-10501）第 10.2 条。

4.7.3 各网省公司上报要求

内容说明：各网省公司应按照国家电网公司不停电作业管理有关规定和要求，及时上报不停电作业工作中的重大事件和重要工作动态信息。

技术标准：《10kV 配网不停电作业规范》（Q/GDW 10520—2016）第 11.3 条、《10kV 配网不停电作业现场作业规范》（Q/GDW07 006-2021-10501）第 10.3 条。

4.8 10kV 配网不停电作业现场操作规范

4.8.1 普通消缺及装拆附件

4.8.1.1 范围

内容说明：包括修剪树枝、清除异物、扶正绝缘子、拆除退役设备；加装或拆除接触设备套管、故障指示器、驱鸟器等。

技术标准：《10kV 配网不停电作业规范》（Q/GDW 10520—2016）附录 C 中 C.1.1、《10kV 配网不停电作业现场作业规范》（Q/GDW07 006-2021-10501）附录 B 中 B.1、附录 C 中 C.1。

4.8.1.2 人员组合

内容说明：该作业项目推荐的人员组合。

技术标准：《10kV 配网不停电作业规范》（Q/GDW 10520—2016）附录 C 中 C.1.2、《10kV 配网不停电作业现场作业规范》（Q/GDW07 006-2021-10501）附录 B 中 B.1、附录 C 中 C.1。

4.8.1.3 作业方法

内容说明：绝缘杆作业方法。

技术标准：《10kV 配网不停电作业规范》（Q/GDW 10520—2016）附录 C 中 C.1.3、《10kV 配网不停电作业现场作业规范》（Q/GDW07 006-2021-10501）附录 B 中 B.1、附录 C 中 C.1。

4.8.1.4 主要工器具配备

内容说明：该作业项目的主要工器具配备。

技术标准：《10kV 配网不停电作业规范》（Q/GDW 10520—2016）附录 C 中 C.1.4、《10kV 配网不停电作业现场作业规范》（Q/GDW07 006-2021-10501）附录 B 中 B.1、附录 C 中 C.1。

4.8.1.5 作业步骤

内容说明：该作业项目的详细作业步骤。

技术标准：《10kV 配网不停电作业规范》（Q/GDW 10520—2016）附录 C 中 C.1.5、《10kV 配网不停电作业现场作业规范》（Q/GDW07 006-2021-10501）附录 B 中 B.1、附录 C 中 C.1。

4.8.1.6 安全措施及注意事项

内容说明：该作业项目的安全措施及注意事项。

技术标准：《10kV 配网不停电作业规范》（Q/GDW 10520—2016）附录 C 中 C.1.6、《10kV 配网不停电作业现场作业规范》（Q/GDW07 006-2021-10501）附录 B 中 B.1、附录 C 中 C.1。

4.8.2 带电更换避雷器

4.8.2.1 人员组合

内容说明：该作业项目推荐的人员组合。

技术标准：《10kV 配网不停电作业规范》（Q/GDW 10520—2016）附录 C 中 C.2.1、《10kV 配网不停电作业现场作业规范》（Q/GDW07 006-2021-10501）附录 B 中 B.2、附录 C 中 C.2。

4.8.2.2 作业方法

内容说明：绝缘杆作业方法。

技术标准：《10kV 配网不停电作业规范》（Q/GDW 10520—2016）附录 C 中 C.2.2、《10kV 配网不停电作业现场作业规范》（Q/GDW07 006-2021-10501）附录 B 中 B.2、附录 C 中 C.2。

4.8.2.3 主要工器具配备

内容说明：该作业项目的主要工器具配备。

技术标准：《10kV 配网不停电作业规范》（Q/GDW 10520—2016）附录 C 中 C.2.3、《10kV 配网不停电作业现场作业规范》（Q/GDW07 006-2021-10501）附录 B 中 B.2、附录 C 中 C.2。

4.8.2.4 作业步骤

内容说明：该作业项目的详细作业步骤。

技术标准：《10kV 配网不停电作业规范》（Q/GDW 10520—2016）附录 C 中 C.2.4、《10kV 配网不停电作业现场作业规范》（Q/GDW07 006-2021-10501）附录 B 中 B.2、附录 C 中 C.2。

4.8.2.5 安全措施及注意事项

内容说明：该作业项目的安全措施及注意事项。

技术标准：《10kV 配网不停电作业规范》（Q/GDW 10520—2016）附录 C 中 C.2.5、《10kV 配网不停电作业现场作业规范》（Q/GDW07 006-2021-10501）附录 B 中 B.2、附录 C 中 C.2。

4.8.3 带电断引流线（包括熔断器上引线、分支线路引线、耐张杆引流线）

4.8.3.1 人员组合

内容说明：该作业项目推荐的人员组合。

技术标准：《10kV 配网不停电作业规范》（Q/GDW 10520—2016）附录 C 中 C.3.1、《10kV 配网不停电作业现场作业规范》（Q/GDW07 006-2021-10501）附录 B 中 B.3、附录 C 中 C.3。

4.8.3.2 作业方法

内容说明：绝缘杆作业方法。

技术标准：《10kV 配网不停电作业规范》（Q/GDW 10520—2016）附录 C 中 C.3.2、《10kV 配网不停电作业现场作业规范》（Q/GDW07 006-2021-10501）附录 B 中 B.3、附录 C 中 C.3。

4.8.3.3 主要工器具配备

内容说明：该作业项目的主要工器具配备。

技术标准：《10kV 配网不停电作业规范》（Q/GDW 10520—2016）附录 C 中 C.3.3、《10kV 配网不停电作业现场作业规范》（Q/GDW07 006-2021-10501）附录 B 中 B.3、附录 C 中 C.3。

4.8.3.4 作业步骤

内容说明：该作业项目的详细作业步骤。

技术标准：《10kV 配网不停电作业规范》（Q/GDW 10520—2016）附录 C 中 C.3.4、《10kV 配网不停电作业现场作业规范》（Q/GDW07 006-2021-10501）附录 B 中 B.3、附录 C 中 C.3。

4.8.3.5 安全措施及注意事项

内容说明：该作业项目的安全措施及注意事项。

技术标准：《10kV 配网不停电作业规范》（Q/GDW 10520—2016）附录 C 中 C.3.5、《10kV 配网不停电作业现场作业规范》（Q/GDW07 006-2021-10501）附录 B 中 B.3、附录 C 中 C.3。

4.8.4 带电接引流线（包括熔断器上引线、分支线路引线、耐张杆引流线）

4.8.4.1 人员组合

内容说明：该作业项目推荐的人员组合。

技术标准：《10kV 配网不停电作业规范》（Q/GDW 10520—2016）附录 C 中 C.4.1、《10kV 配网不停电作业现场作业规范》（Q/GDW07 006-2021-10501）附录 B 中 B.4、附录 C 中 C.4。

4.8.4.2 作业方法

内容说明：绝缘杆作业方法。

技术标准：《10kV 配网不停电作业规范》（Q/GDW 10520—2016）附录 C 中 C.4.2、《10kV 配网不停电作业现场作业规范》（Q/GDW07 006-2021-10501）附录 B 中 B.4、附录 C 中 C.4。

4.8.4.3 主要工器具配备

内容说明：该作业项目的主要工器具配备。

技术标准：《10kV 配网不停电作业规范》（Q/GDW 10520—2016）附录 C 中 C.4.3、《10kV 配网不停电作业现场作业规范》（Q/GDW07 006-2021-10501）附录 B 中 B.4、附录 C 中 C.4。

4.8.4.4 作业步骤

内容说明：该作业项目的详细作业步骤。

技术标准：《10kV 配网不停电作业规范》（Q/GDW 10520—2016）附录 C 中 C.4.4、《10kV 配网不停电作业现场作业规范》（Q/GDW07 006-2021-10501）附录 B 中 B.4、附录 C 中 C.4。

4.8.4.5 安全措施及注意事项

内容说明：该作业项目的安全措施及注意事项。

技术标准：《10kV 配网不停电作业规范》（Q/GDW 10520—2016）附录 C 中 C.4.5、《10kV 配网不停电作业现场作业规范》（Q/GDW07 006-2021-10501）附录 B 中 B.4、附录 C 中 C.4。

4.8.5 普通消缺及装拆附件

4.8.5.1 人员组合

内容说明：该作业项目推荐的人员组合。

技术标准：《10kV 配网不停电作业规范》（Q/GDW 10520—2016）附录 C 中 C.5.1、《10kV 配网不停电作业现场作业规范》（Q/GDW07 006-2021-10501）附录 B 中 B.5、附录 C 中 C.5。

4.8.5.2 作业方法

内容说明：绝缘手套作业方法。

技术标准：《10kV 配网不停电作业规范》（Q/GDW 10520—2016）附录 C 中 C.5.2、《10kV 配网不停电作业现场作业规范》（Q/GDW07 006-2021-10501）附录 B 中 B.5、附录 C 中 C.5。

4.8.5.3 主要工器具配备

内容说明：该作业项目的主要工器具配备。

技术标准：《10kV 配网不停电作业规范》（Q/GDW 10520—2016）附录 C 中 C.5.3、《10kV 配网不停电作业现场作业规范》（Q/GDW07 006-2021-10501）附录 B 中 B.5、附录 C 中 C.5。

4.8.5.4 作业步骤

内容说明：该作业项目的详细作业步骤。

技术标准：《10kV 配网不停电作业规范》（Q/GDW 10520—2016）附录 C 中 C.5.4、《10kV 配网不停电作业现场作业规范》（Q/GDW07 006-2021-10501）附录 B 中 B.5、附录 C 中 C.5。

4.8.5.5 安全措施及注意事项

内容说明：该作业项目的安全措施及注意事项。

技术标准：《10kV 配网不停电作业规范》（Q/GDW 10520—2016）附录 C 中 C.5.5、《10kV 配网不停电作业现场作业规范》（Q/GDW07 006-2021-10501）附录 B 中 B.5、附录 C 中 C.5。

4.8.6 带电辅助加装或拆除绝缘遮蔽

4.8.6.1 人员组合

内容说明：该作业项目推荐的人员组合。

技术标准：《10kV 配网不停电作业规范》（Q/GDW 10520—2016）附录 C 中 C.6.1、《10kV 配网不停电作业现场作业规范》（Q/GDW07 006-2021-10501）附录 B 中 B.6、附录 C 中 C.6。

4.8.6.2 作业方法

内容说明：绝缘手套作业方法。

技术标准：《10kV 配网不停电作业规范》（Q/GDW 10520—2016）附录 C 中 C.6.2、《10kV 配网不停电作业现场作业规范》（Q/GDW07 006-2021-10501）附录 B 中 B.6、附录 C 中 C.6。

4.8.6.3 主要工器具配备

内容说明：该作业项目的主要工器具配备。

技术标准：《10kV 配网不停电作业规范》（Q/GDW 10520—2016）附录 C 中 C.6.3、《10kV 配网不停电作业现场作业规范》（Q/GDW07 006-2021-10501）附录 B 中 B.6、附录 C 中 C.6。

4.8.6.4 作业步骤

内容说明：该作业项目的详细作业步骤。

技术标准：《10kV 配网不停电作业规范》（Q/GDW 10520—2016）附录 C 中 C.6.4、《10kV 配网不停电作业现场作业规范》（Q/GDW07 006-2021-10501）附录 B 中 B.6、附录 C 中 C.6。

4.8.6.5 安全措施及注意事项

内容说明：该作业项目的安全措施及注意事项。

技术标准：《10kV 配网不停电作业规范》（Q/GDW 10520—2016）附录 C 中 C.6.5、《10kV 配网不停电作业现场作业规范》（Q/GDW07 006-2021-10501）附录 B 中 B.6、附录 C 中 C.6。

4.8.7 带电更换避雷器

4.8.7.1 人员组合

内容说明：该作业项目推荐的人员组合。

技术标准：《10kV 配网不停电作业规范》（Q/GDW 10520—2016）附录 C 中 C.7.1、《10kV 配网不停电作业现场作业规范》（Q/GDW07 006-2021-10501）附录 B 中 B.7、附录 C 中 C.7。

4.8.7.2 作业方法

内容说明：绝缘手套作业方法。

技术标准：《10kV 配网不停电作业规范》（Q/GDW 10520—2016）附录 C 中 C.7.2、《10kV 配网不停电作业现场作业规范》（Q/GDW07 006-2021-10501）附录 B 中 B.7、附录 C 中 C.7。

4.8.7.3 主要工器具配备

内容说明：该作业项目的主要工器具配备。

技术标准：《10kV 配网不停电作业规范》（Q/GDW 10520—2016）附录 C 中 C.7.3、《10kV 配网不停电作业现场作业规范》（Q/GDW07 006-2021-10501）附录 B 中 B.7、附录 C 中 C.7。

4.8.7.4 作业步骤

内容说明：该作业项目的详细作业步骤。

技术标准：《10kV 配网不停电作业规范》（Q/GDW 10520—2016）附录 C 中 C.7.4、《10kV 配网不停电作业现场作业规范》（Q/GDW07 006-2021-10501）附录 B 中 B.7、附录 C 中 C.7。

4.8.7.5 安全措施及注意事项

内容说明：该作业项目的安全措施及注意事项。

技术标准：《10kV 配网不停电作业规范》（Q/GDW 10520—2016）附录 C 中 C.7.5、《10kV 配网不停电作业现场作业规范》（Q/GDW07 006-2021-10501）附录 B 中 B.7、附录 C 中 C.7。

4.8.8 带电断引流线（包括熔断器上引线、分支线路引线、耐张杆引流线）

4.8.8.1 人员组合

内容说明：该作业项目推荐的人员组合。

技术标准：《10kV 配网不停电作业规范》（Q/GDW 10520—2016）附录 C 中

C.8.1、《10kV 配网不停电作业现场作业规范》（Q/GDW07 006-2021-10501）附录B 中 B.8、附录 C 中 C.8。

4.8.8.2　作业方法

内容说明：绝缘手套作业方法。

技术标准：《10kV 配网不停电作业规范》（Q/GDW 10520—2016）附录 C 中C.8.2、《10kV 配网不停电作业现场作业规范》（Q/GDW07 006-2021-10501）附录B 中 B.8、附录 C 中 C.8。

4.8.8.3　主要工器具配备

内容说明：该作业项目的主要工器具配备。

技术标准：《10kV 配网不停电作业规范》（Q/GDW 10520—2016）附录 C 中C.8.3、《10kV 配网不停电作业现场作业规范》（Q/GDW07 006-2021-10501）附录B 中 B.8、附录 C 中 C.8。

4.8.8.4　作业步骤

内容说明：该作业项目的详细作业步骤。

技术标准：《10kV 配网不停电作业规范》（Q/GDW 10520—2016）附录 C 中C.8.4、《10kV 配网不停电作业现场作业规范》（Q/GDW07 006-2021-10501）附录B 中 B.8、附录 C 中 C.8。

4.8.8.5　安全措施及注意事项

内容说明：该作业项目的安全措施及注意事项。

技术标准：《10kV 配网不停电作业规范》（Q/GDW 10520—2016）附录 C 中C.8.5、《10kV 配网不停电作业现场作业规范》（Q/GDW07 006-2021-10501）附录B 中 B.8、附录 C 中 C.8。

4.8.9　带电接引流线（包括熔断器上引线、分支线路引线、耐张杆引流线）

4.8.9.1　人员组合

内容说明：该作业项目推荐的人员组合。

技术标准：《10kV 配网不停电作业规范》（Q/GDW 10520—2016）附录 C 中C.9.1、《10kV 配网不停电作业现场作业规范》（Q/GDW07 006-2021-10501）附录B 中 B.9、附录 C 中 C.9。

4.8.9.2　作业方法

内容说明：绝缘手套作业方法。

技术标准：《10kV 配网不停电作业规范》（Q/GDW 10520—2016）附录 C 中

C.9.2、《10kV 配网不停电作业现场作业规范》（Q/GDW07 006-2021-10501）附录 B 中 B.9、附录 C 中 C.9。

4.8.9.3　主要工器具配备

内容说明：该作业项目的主要工器具配备。

技术标准：《10kV 配网不停电作业规范》（Q/GDW 10520—2016）附录 C 中 C.9.3、《10kV 配网不停电作业现场作业规范》（Q/GDW07 006-2021-10501）附录 B 中 B.9、附录 C 中 C.9。

4.8.9.4　作业步骤

内容说明：该作业项目的详细作业步骤。

技术标准：《10kV 配网不停电作业规范》（Q/GDW 10520—2016）附录 C 中 C.9.4、《10kV 配网不停电作业现场作业规范》（Q/GDW07 006-2021-10501）附录 B 中 B.9、附录 C 中 C.9。

4.8.9.5　安全措施及注意事项

内容说明：该作业项目的安全措施及注意事项。

技术标准：《10kV 配网不停电作业规范》（Q/GDW 10520—2016）附录 C 中 C.9.5、《10kV 配网不停电作业现场作业规范》（Q/GDW07 006-2021-10501）附录 B 中 B.9、附录 C 中 C.9。

4.8.10　带电更换熔断器

4.8.10.1　人员组合

内容说明：该作业项目推荐的人员组合。

技术标准：《10kV 配网不停电作业规范》（Q/GDW 10520—2016）附录 C 中 C.10.1、《10kV 配网不停电作业现场作业规范》（Q/GDW07 006-2021-10501）附录 B 中 B.10、附录 C 中 C.10。

4.8.10.2　作业方法

内容说明：绝缘手套作业方法。

技术标准：《10kV 配网不停电作业规范》（Q/GDW 10520—2016）附录 C 中 C.10.2、《10kV 配网不停电作业现场作业规范》（Q/GDW07 006-2021-10501）附录 B 中 B.10、附录 C 中 C.10。

4.8.10.3　主要工器具配备

内容说明：该作业项目的主要工器具配备。

技术标准：《10kV 配网不停电作业规范》（Q/GDW 10520—2016）附录 C 中

C.10.3、《10kV 配网不停电作业现场作业规范》（Q/GDW07 006-2021-10501）附录 B 中 B.10、附录 C 中 C.10。

4.8.10.4　作业步骤

内容说明：该作业项目的详细作业步骤。

技术标准：《10kV 配网不停电作业规范》（Q/GDW 10520—2016）附录 C 中 C.10.4、《10kV 配网不停电作业现场作业规范》（Q/GDW07 006-2021-10501）附录 B 中 B.10、附录 C 中 C.10。

4.8.10.5　安全措施及注意事项

内容说明：该作业项目的安全措施及注意事项。

技术标准：《10kV 配网不停电作业规范》（Q/GDW 10520—2016）附录 C 中 C.10.5、《10kV 配网不停电作业现场作业规范》（Q/GDW07 006-2021-10501）附录 B 中 B.10、附录 C 中 C.10。

4.8.11　带电更换直线杆绝缘子

4.8.11.1　人员组合

内容说明：该作业项目推荐的人员组合。

技术标准：《10kV 配网不停电作业规范》（Q/GDW 10520—2016）附录 C 中 C.11.1、《10kV 配网不停电作业现场作业规范》（Q/GDW07 006-2021-10501）附录 B 中 B.11、附录 C 中 C.11。

4.8.11.2　作业方法

内容说明：绝缘手套作业方法。

技术标准：《10kV 配网不停电作业规范》（Q/GDW 10520—2016）附录 C 中 C.11.2、《10kV 配网不停电作业现场作业规范》（Q/GDW07 006-2021-10501）附录 B 中 B.11、附录 C 中 C.11。

4.8.11.3　主要工器具配备

内容说明：该作业项目的主要工器具配备。

技术标准：《10kV 配网不停电作业规范》（Q/GDW 10520—2016）附录 C 中 C.11.3、《10kV 配网不停电作业现场作业规范》（Q/GDW07 006-2021-10501）附录 B 中 B.11、附录 C 中 C.11。

4.8.11.4　作业步骤

内容说明：该作业项目的详细作业步骤。

技术标准：《10kV 配网不停电作业规范》（Q/GDW 10520—2016）附录 C 中

C.11.4、《10kV 配网不停电作业现场作业规范》（Q/GDW07 006-2021-10501）附录 B 中 B.11、附录 C 中 C.11。

4.8.11.5 安全措施及注意事项

内容说明：该作业项目的安全措施及注意事项。

技术标准：《10kV 配网不停电作业规范》（Q/GDW 10520—2016）附录 C 中 C.11.5、《10kV 配网不停电作业现场作业规范》（Q/GDW07 006-2021-10501）附录 B 中 B.11、附录 C 中 C.11。

4.8.12　带电更换直线杆绝缘子及横担

4.8.12.1　人员组合

内容说明：该作业项目推荐的人员组合。

技术标准：《10kV 配网不停电作业规范》（Q/GDW 10520—2016）附录 C 中 C.12.1、《10kV 配网不停电作业现场作业规范》（Q/GDW07 006-2021-10501）附录 B 中 B.12、附录 C 中 C.12。

4.8.12.2　作业方法

内容说明：绝缘手套作业方法。

技术标准：《10kV 配网不停电作业规范》（Q/GDW 10520—2016）附录 C 中 C.12.2、《10kV 配网不停电作业现场作业规范》（Q/GDW07 006-2021-10501）附录 B 中 B.12、附录 C 中 C.12。

4.8.12.3　主要工器具配备

内容说明：该作业项目的主要工器具配备。

技术标准：《10kV 配网不停电作业规范》（Q/GDW 10520—2016）附录 C 中 C.12.3、《10kV 配网不停电作业现场作业规范》（Q/GDW07 006-2021-10501）附录 B 中 B.12、附录 C 中 C.12。

4.8.12.4　作业步骤

内容说明：该作业项目的详细作业步骤。

技术标准：《10kV 配网不停电作业规范》（Q/GDW 10520—2016）附录 C 中 C.12.4、《10kV 配网不停电作业现场作业规范》（Q/GDW07 006-2021-10501）附录 B 中 B.12、附录 C 中 C.12。

4.8.12.5　安全措施及注意事项

内容说明：该作业项目的安全措施及注意事项。

技术标准：《10kV 配网不停电作业规范》（Q/GDW 10520—2016）附录 C 中

C.12.5、《10kV 配网不停电作业现场作业规范》（Q/GDW07 006-2021-10501）附录 B 中 B.12、附录 C 中 C.12。

4.8.13 带电更换耐张杆绝缘子串

4.8.13.1 人员组合

内容说明：该作业项目推荐的人员组合。

技术标准：《10kV 配网不停电作业规范》（Q/GDW 10520—2016）附录 C 中 C.13.1、《10kV 配网不停电作业现场作业规范》（Q/GDW07 006-2021-10501）附录 B 中 B.13、附录 C 中 C.13。

4.8.13.2 作业方法

内容说明：绝缘手套作业方法。

技术标准：《10kV 配网不停电作业规范》（Q/GDW 10520—2016）附录 C 中 C.13.2、《10kV 配网不停电作业现场作业规范》（Q/GDW07 006-2021-10501）附录 B 中 B.13、附录 C 中 C.13。

4.8.13.3 主要工器具配备

内容说明：该作业项目的主要工器具配备。

技术标准：《10kV 配网不停电作业规范》（Q/GDW 10520—2016）附录 C 中 C.13.3、《10kV 配网不停电作业现场作业规范》（Q/GDW07 006-2021-10501）附录 B 中 B.13、附录 C 中 C.13。

4.8.13.4 作业步骤

内容说明：该作业项目的详细作业步骤。

技术标准：《10kV 配网不停电作业规范》（Q/GDW 10520—2016）附录 C 中 C.13.4、《10kV 配网不停电作业现场作业规范》（Q/GDW07 006-2021-10501）附录 B 中 B.13、附录 C 中 C.13。

4.8.13.5 安全措施及注意事项

内容说明：该作业项目的安全措施及注意事项。

技术标准：《10kV 配网不停电作业规范》（Q/GDW 10520—2016）附录 C 中 C.13.5、《10kV 配网不停电作业现场作业规范》（Q/GDW07 006-2021-10501）附录 B 中 B.13、附录 C 中 C.13。

4.8.14 带电更换柱上开关或隔离开关

4.8.14.1 人员组合

内容说明：该作业项目推荐的人员组合。

技术标准：《10kV 配网不停电作业规范》（Q/GDW 10520—2016）附录 C 中 C.14.1、《10kV 配网不停电作业现场作业规范》（Q/GDW07 006-2021-10501）附录 B 中 B.14、附录 C 中 C.14。

4.8.14.2 作业方法

内容说明：绝缘手套作业方法。

技术标准：《10kV 配网不停电作业规范》（Q/GDW 10520—2016）附录 C 中 C.14.2、《10kV 配网不停电作业现场作业规范》（Q/GDW07 006-2021-10501）附录 B 中 B.14、附录 C 中 C.14。

4.8.14.3 主要工器具配备

内容说明：该作业项目的主要工器具配备。

技术标准：《10kV 配网不停电作业规范》（Q/GDW 10520—2016）附录 C 中 C.14.3、《10kV 配网不停电作业现场作业规范》（Q/GDW07 006-2021-10501）附录 B 中 B.14、附录 C 中 C.14。

4.8.14.4 作业步骤

内容说明：该作业项目的详细作业步骤。

技术标准：《10kV 配网不停电作业规范》（Q/GDW 10520—2016）附录 C 中 C.14.4、《10kV 配网不停电作业现场作业规范》（Q/GDW07 006-2021-10501）附录 B 中 B.14、附录 C 中 C.14。

4.8.14.5 安全措施及注意事项

内容说明：该作业项目的安全措施及注意事项。

技术标准：《10kV 配网不停电作业规范》（Q/GDW 10520—2016）附录 C 中 C.14.5、《10kV 配网不停电作业现场作业规范》（Q/GDW07 006-2021-10501）附录 B 中 B.14、附录 C 中 C.14。

4.8.15 带电更换直线杆绝缘子

4.8.15.1 人员组合

内容说明：该作业项目推荐的人员组合。

技术标准：《10kV 配网不停电作业规范》（Q/GDW 10520—2016）附录 C 中

C.15.1、《10kV 配网不停电作业现场作业规范》（Q/GDW07 006-2021-10501）附录 B 中 B.15、附录 C 中 C.15。

4.8.15.2　作业方法

内容说明：绝缘杆作业方法。

技术标准：《10kV 配网不停电作业规范》（Q/GDW 10520—2016）附录 C 中 C.15.2、《10kV 配网不停电作业现场作业规范》（Q/GDW07 006-2021-10501）附录 B 中 B.15、附录 C 中 C.15。

4.8.15.3　主要工器具配备

内容说明：该作业项目的主要工器具配备。

技术标准：《10kV 配网不停电作业规范》（Q/GDW 10520—2016）附录 C 中 C.15.3、《10kV 配网不停电作业现场作业规范》（Q/GDW07 006-2021-10501）附录 B 中 B.15、附录 C 中 C.15。

4.8.15.4　作业步骤

内容说明：该作业项目的详细作业步骤。

技术标准：《10kV 配网不停电作业规范》（Q/GDW 10520—2016）附录 C 中 C.15.4、《10kV 配网不停电作业现场作业规范》（Q/GDW07 006-2021-10501）附录 B 中 B.15、附录 C 中 C.15。

4.8.15.5　安全措施及注意事项

内容说明：该作业项目的安全措施及注意事项。

技术标准：《10kV 配网不停电作业规范》（Q/GDW 10520—2016）附录 C 中 C.15.5、《10kV 配网不停电作业现场作业规范》（Q/GDW07 006-2021-10501）附录 B 中 B.15、附录 C 中 C.15。

4.8.16　带电更换直线杆绝缘子及横担

4.8.16.1　人员组合

内容说明：该作业项目推荐的人员组合。

技术标准：《10kV 配网不停电作业规范》（Q/GDW 10520—2016）附录 C 中 C.16.1、《10kV 配网不停电作业现场作业规范》（Q/GDW07 006-2021-10501）附录 B 中 B.16、附录 C 中 C.16。

4.8.16.2　作业方法

内容说明：绝缘杆作业方法。

技术标准：《10kV 配网不停电作业规范》（Q/GDW 10520—2016）附录 C 中

C.16.2、《10kV 配网不停电作业现场作业规范》（Q/GDW07 006-2021-10501）附录 B 中 B.16、附录 C 中 C.16。

4.8.16.3 主要工器具配备

内容说明：该作业项目的主要工器具配备。

技术标准：《10kV 配网不停电作业规范》（Q/GDW 10520—2016）附录 C 中 C.16.3、《10kV 配网不停电作业现场作业规范》（Q/GDW07 006-2021-10501）附录 B 中 B.16、附录 C 中 C.16。

4.8.16.4 作业步骤

内容说明：该作业项目的详细作业步骤。

技术标准：《10kV 配网不停电作业规范》（Q/GDW 10520—2016）附录 C 中 C.16.4、《10kV 配网不停电作业现场作业规范》（Q/GDW07 006-2021-10501）附录 B 中 B.16、附录 C 中 C.16。

4.8.16.5 安全措施及注意事项

内容说明：该作业项目的安全措施及注意事项。

技术标准：《10kV 配网不停电作业规范》（Q/GDW 10520—2016）附录 C 中 C.16.5、《10kV 配网不停电作业现场作业规范》（Q/GDW07 006-2021-10501）附录 B 中 B.16、附录 C 中 C.16。

4.8.17 带电更换熔断器

4.8.17.1 人员组合

内容说明：该作业项目推荐的人员组合。

技术标准：《10kV 配网不停电作业规》（Q/GDW 10520—2016）附录 C 中 C.17.1、《10kV 配网不停电作业现场作业规范》（Q/GDW07 006-2021-10501）附录 B 中 B.17、附录 C 中 C.17。

4.8.17.2 作业方法

内容说明：绝缘杆作业方法。

技术标准：《10kV 配网不停电作业规范》（Q/GDW 10520—2016）附录 C 中 C.17.2、《10kV 配网不停电作业现场作业规范》（Q/GDW07 006-2021-10501）附录 B 中 B.17、附录 C 中 C.17。

4.8.17.3 主要工器具配备

内容说明：该作业项目的主要工器具配备。

技术标准：《10kV 配网不停电作业规范》（Q/GDW 10520—2016）附录 C 中

C.17.3、《10kV 配网不停电作业现场作业规范》（Q/GDW07 006-2021-10501）附录 B 中 B.17、附录 C 中 C.17。

4.8.17.4　作业步骤

内容说明：该作业项目的详细作业步骤。

技术标准：《10kV 配网不停电作业规范》（Q/GDW 10520—2016）附录 C 中 C.17.4、《10kV 配网不停电作业现场作业规范》（Q/GDW07 006-2021-10501）附录 B 中 B.17、附录 C 中 C.17。

4.8.17.5　安全措施及注意事项

内容说明：该作业项目的安全措施及注意事项。

技术标准：《10kV 配网不停电作业规范》（Q/GDW 10520—2016）附录 C 中 C.17.5、《10kV 配网不停电作业现场作业规范》（Q/GDW07 006-2021-10501）附录 B 中 B.17、附录 C 中 C.17。

4.8.18　带电更换耐张绝缘子串及横担

4.8.18.1　人员组合

内容说明：该作业项目推荐的人员组合。

技术标准：《10kV 配网不停电作业规范》（Q/GDW 10520—2016）附录 C 中 C.18.1、《10kV 配网不停电作业现场作业规范》（Q/GDW07 006-2021-10501）附录 B 中 B.18、附录 C 中 C.18。

4.8.18.2　作业方法

内容说明：绝缘手套作业方法。

技术标准：《10kV 配网不停电作业规范》（Q/GDW 10520—2016）附录 C 中 C.18.2、《10kV 配网不停电作业现场作业规范》（Q/GDW07 006-2021-10501）附录 B 中 B.18、附录 C 中 C.18。

4.8.18.3　主要工器具配备

内容说明：该作业项目的主要工器具配备。

技术标准：《10kV 配网不停电作业规范》（Q/GDW 10520—2016）附录 C 中 C.18.3、《10kV 配网不停电作业现场作业规范》（Q/GDW07 006-2021-10501）附录 B 中 B.18、附录 C 中 C.18。

4.8.18.4　作业步骤

内容说明：该作业项目的详细作业步骤。

技术标准：《10kV 配网不停电作业规范》（Q/GDW 10520—2016）附录 C 中

C.18.4、《10kV 配网不停电作业现场作业规范》（Q/GDW07 006-2021-10501）附录
B 中 B.18、附录 C 中 C.18。

4.8.18.5　安全措施及注意事项

内容说明：该作业项目的安全措施及注意事项。

技术标准：《10kV 配网不停电作业规范》（Q/GDW 10520—2016）附录 C 中
C.18.5、《10kV 配网不停电作业现场作业规范》（Q/GDW07 006-2021-10501）附录
B 中 B.18、附录 C 中 C.18。

4.8.19　带电组立或撤除直线电杆

4.8.19.1　人员组合

内容说明：该作业项目推荐的人员组合。

技术标准：《10kV 配网不停电作业规范》（Q/GDW 105202016）附录 C 中
C.19.1、《10kV 配网不停电作业现场作业规范》（Q/GDW07 006-2021-10501）附录
B 中 B.19、附录 C 中 C.19。

4.8.19.2　作业方法

内容说明：绝缘手套作业方法。

技术标准：《10kV 配网不停电作业规范》（Q/GDW 10520—2016）附录 C 中
C.19.2、《10kV 配网不停电作业现场作业规范》（Q/GDW07 006-2021-10501）附录
B 中 B.19、附录 C 中 C.19。

4.8.19.3　主要工器具配备

内容说明：该作业项目的主要工器具配备。

技术标准：《10kV 配网不停电作业规范》（Q/GDW 10520—2016）附录 C 中
C.19.3、《10kV 配网不停电作业现场作业规范》（Q/GDW07 006-2021-10501）附录
B 中 B.19、附录 C 中 C.19。

4.8.19.4　作业步骤

内容说明：该作业项目的详细作业步骤。

技术标准：《10kV 配网不停电作业规范》（Q/GDW 10520—2016）附录 C 中
C.19.4、《10kV 配网不停电作业现场作业规范》（Q/GDW07 006-2021-10501）附录
B 中 B.19、附录 C 中 C.19。

4.8.19.5　安全措施及注意事项

内容说明：该作业项目的安全措施及注意事项。

技术标准：《10kV 配网不停电作业规范》（Q/GDW 10520—2016）附录 C 中

C.19.5、《10kV 配网不停电作业现场作业规范》（Q/GDW07 006-2021-10501）附录 B 中 B.19、附录 C 中 C.19。

4.8.20　带电更换直线电杆

4.8.20.1　人员组合

内容说明：该作业项目推荐的人员组合。

技术标准：《10kV 配网不停电作业规范》（Q/GDW 10520—2016）附录 C 中 C.20.1、《10kV 配网不停电作业现场作业规范》（Q/GDW07 006-2021-10501）附录 B 中 B.20、附录 C 中 C.20。

4.8.20.2　作业方法

内容说明：绝缘手套作业方法。

技术标准：《10kV 配网不停电作业规范》（Q/GDW 10520—2016）附录 C 中 C.20.2、《10kV 配网不停电作业现场作业规范》（Q/GDW07 006-2021-10501）附录 B 中 B.20、附录 C 中 C.20。

4.8.20.3　主要工器具配备

内容说明：该作业项目的主要工器具配备。

技术标准：《10kV 配网不停电作业规范》（Q/GDW 10520—2016）附录 C 中 C.20.3、《10kV 配网不停电作业现场作业规范》（Q/GDW07 006-2021-10501）附录 B 中 B.20、附录 C 中 C.20。

4.8.20.4　作业步骤

内容说明：该作业项目的详细作业步骤。

技术标准：《10kV 配网不停电作业规范》（Q/GDW 10520-—2016）附录 C 中 C.20.4、《10kV 配网不停电作业现场作业规范》（Q/GDW07 006-2021-10501）附录 B 中 B.20、附录 C 中 C.20。

4.8.20.5　安全措施及注意事项

内容说明：该作业项目的安全措施及注意事项。

技术标准：《10kV 配网不停电作业规范》（Q/GDW 10520—2016）附录 C 中 C.20.5、《10kV 配网不停电作业现场作业规范》（Q/GDW07 006-2021-10501）附录 B 中 B.20、附录 C 中 C.20。

4.8.21　带电直线杆改终端杆

4.8.21.1　人员组合

内容说明：该作业项目推荐的人员组合。

技术标准：《10kV 配网不停电作业规范》（Q/GDW 10520—2016）附录 C 中 C.21.1、《10kV 配网不停电作业现场作业规范》（Q/GDW07 006-2021-10501）附录 B 中 B.21、附录 C 中 C.21。

4.8.21.2　作业方法

内容说明：绝缘手套作业方法。

技术标准：《10kV 配网不停电作业规范》（Q/GDW 10520—2016）附录 C 中 C.21.2、《10kV 配网不停电作业现场作业规范》（Q/GDW07 006-2021-10501）附录 B 中 B.21、附录 C 中 C.21。

4.8.21.3　主要工器具配备

内容说明：该作业项目的主要工器具配备。

技术标准：《10kV 配网不停电作业规范》（Q/GDW 10520—2016）附录 C 中 C.21.3、《10kV 配网不停电作业现场作业规范》（Q/GDW07 006-2021-10501）附录 B 中 B.21、附录 C 中 C.21。

4.8.21.4　作业步骤

内容说明：该作业项目的详细作业步骤。

技术标准：《10kV 配网不停电作业规范》（Q/GDW 10520—2016）附录 C 中 C.21.4、《10kV 配网不停电作业现场作业规范》（Q/GDW07 006-2021-10501）附录 B 中 B.21、附录 C 中 C.21。

4.8.21.5　安全措施及注意事项

内容说明：该作业项目的安全措施及注意事项。

技术标准：《10kV 配网不停电作业规范》（Q/GDW 10520—2016）附录 C 中 C.21.5、《10kV 配网不停电作业现场作业规范》（Q/GDW07 006-2021-10501）附录 B 中 B.21、附录 C 中 C.21。

4.8.22　带负荷更换熔断器

4.8.22.1　人员组合

内容说明：该作业项目推荐的人员组合。

技术标准：《10kV 配网不停电作业规范》（Q/GDW 10520—2016）附录 C 中 C.22.1、《10kV 配网不停电作业现场作业规范》（Q/GDW07 006-2021-10501）附录 B 中 B.22、附录 C 中 C.22。

4.8.22.2　作业方法

内容说明：绝缘手套作业方法。

技术标准：《10kV 配网不停电作业规范》（Q/GDW 10520—2016）附录 C 中 C.22.2、《10kV 配网不停电作业现场作业规范》（Q/GDW07 006-2021-10501）附录 B 中 B.22、附录 C 中 C.22。

4.8.22.3　主要工器具配备

内容说明：该作业项目的主要工器具配备。

技术标准：《10kV 配网不停电作业规范》（Q/GDW 10520—2016）附录 C 中 C.22.3、《10kV 配网不停电作业现场作业规范》（Q/GDW07 006-2021-10501）附录 B 中 B.22、附录 C 中 C.22。

4.8.22.4　作业步骤

内容说明：该作业项目的详细作业步骤。

技术标准：《10kV 配网不停电作业规范》（Q/GDW 10520—2016）附录 C 中 C.22.4、《10kV 配网不停电作业现场作业规范》（Q/GDW07 006-2021-10501）附录 B 中 B.22、附录 C 中 C.22。

4.8.22.5　安全措施及注意事项

内容说明：该作业项目的安全措施及注意事项。

技术标准：《10kV 配网不停电作业规范》（Q/GDW 10520—2016）附录 C 中 C.22.5、《10kV 配网不停电作业现场作业规范》（Q/GDW07 006-2021-10501）附录 B 中 B.22、附录 C 中 C.22。

4.8.23　带负荷更换导线非承力线夹

4.8.23.1　人员组合

内容说明：该作业项目推荐的人员组合。

技术标准：《10kV 配网不停电作业规范》（Q/GDW 10520—2016）附录 C 中 C.23.1、《10kV 配网不停电作业现场作业规范》（Q/GDW07 006-2021-10501）附录 B 中 B.23、附录 C 中 C.23。

4.8.23.2　作业方法

内容说明：绝缘手套作业方法。

技术标准：《10kV 配网不停电作业规范》（Q/GDW 10520—2016）附录 C 中 C.23.2、《10kV 配网不停电作业现场作业规范》（Q/GDW07 006-2021-10501）附录 B 中 B.23、附录 C 中 C.23。

4.8.23.3　主要工器具配备

内容说明：该作业项目的主要工器具配备。

技术标准：《10kV 配网不停电作业规范》（Q/GDW 10520—2016）附录 C 中 C.23.3、《10kV 配网不停电作业现场作业规范》（Q/GDW07 006-2021-10501）附录 B 中 B.23、附录 C 中 C.23。

4.8.23.4　作业步骤

内容说明：该作业项目的详细作业步骤。

技术标准：《10kV 配网不停电作业规范》（Q/GDW 10520—2016）附录 C 中 C.23.4、《10kV 配网不停电作业现场作业规范》（Q/GDW07 006-2021-10501）附录 B 中 B.23、附录 C 中 C.23。

4.8.23.5　安全措施及注意事项

内容说明：该作业项目的安全措施及注意事项。

技术标准：《10kV 配网不停电作业规范》（Q/GDW 10520—2016）附录 C 中 C.23.5、《10kV 配网不停电作业现场作业规范》（Q/GDW07 006-2021-10501）附录 B 中 B.23、附录 C 中 C.23。

4.8.24　带负荷更换柱上开关或隔离开关

4.8.24.1　人员组合

内容说明：该作业项目推荐的人员组合。

技术标准：《10kV 配网不停电作业规范》（Q/GDW 10520—2016）附录 C 中 C.24.1、《10kV 配网不停电作业现场作业规范》（Q/GDW07 006-2021-10501）附录 B 中 B.24、附录 C 中 C.24。

4.8.24.2　作业方法

内容说明：绝缘手套作业方法。

技术标准：《10kV 配网不停电作业规范》（Q/GDW 10520—2016）附录 C 中 C.24.2、《10kV 配网不停电作业现场作业规范》（Q/GDW07 006-2021-10501）附录 B 中 B.24、附录 C 中 C.24。

4.8.24.3　主要工器具配备

内容说明：该作业项目的主要工器具配备。

技术标准：《10kV 配网不停电作业规范》（Q/GDW 10520—2016）附录 C 中 C.24.3、《10kV 配网不停电作业现场作业规范》（Q/GDW07 006-2021-10501）附录 B 中 B.24、附录 C 中 C.24。

4.8.24.4　作业步骤

内容说明：该作业项目的详细作业步骤。

技术标准：《10kV 配网不停电作业规范》（Q/GDW 10520—2016）附录 C 中 C.24.4、《10kV 配网不停电作业现场作业规范》（Q/GDW07 006-2021-10501）附录 B 中 B.24、附录 C 中 C.24。

4.8.24.5　安全措施及注意事项

内容说明：该作业项目的安全措施及注意事项。

技术标准：《10kV 配网不停电作业规范》（Q/GDW 10520—2016）附录 C 中 C.24.5、《10kV 配网不停电作业现场作业规范》（Q/GDW07 006-2021-10501）附录 B 中 B.24、附录 C 中 C.24。

4.8.25　带负荷直线杆改耐张杆

4.8.25.1　人员组合

内容说明：该作业项目推荐的人员组合。

技术标准：《10kV 配网不停电作业规范》（Q/GDW 10520—2016）附录 C 中 C.25.1、《10kV 配网不停电作业现场作业规范》（Q/GDW07 006-2021-10501）附录 B 中 B.25、附录 C 中 C.25。

4.8.25.2　作业方法

内容说明：绝缘手套作业方法。

技术标准：《10kV 配网不停电作业规范》（Q/GDW 10520—2016）附录 C 中 C.25.2、《10kV 配网不停电作业现场作业规范》（Q/GDW07 006-2021-10501）附录 B 中 B.25、附录 C 中 C.25。

4.8.25.3　主要工器具配备

内容说明：该作业项目的主要工器具配备。

技术标准：《10kV 配网不停电作业规范》（Q/GDW 10520—2016）附录 C 中 C.25.3、《10kV 配网不停电作业现场作业规范》（Q/GDW07 006-2021-10501）附录 B 中 B.25、附录 C 中 C.25。

4.8.25.4　作业步骤

内容说明：该作业项目的详细作业步骤。

技术标准：《10kV 配网不停电作业规范》（Q/GDW 10520—2016）附录 C 中 C.25.4、《10kV 配网不停电作业现场作业规范》（Q/GDW07 006-2021-10501）附录 B 中 B.25、附录 C 中 C.25。

4.8.25.5　安全措施及注意事项

内容说明：该作业项目的安全措施及注意事项。

技术标准：《10kV 配网不停电作业规范》（Q/GDW 10520—2016）附录 C 中 C.25.5、《10kV 配网不停电作业现场作业规范》（Q/GDW07 006-2021-10501）附录 B 中 B.25、附录 C 中 C.25。

4.8.26　带电断空载电缆线路与架空线路连接引线

4.8.26.1　人员组合

内容说明：该作业项目推荐的人员组合。

技术标准：《10kV 配网不停电作业规范》（Q/GDW 10520—2016）附录 C 中 C.26.1、《10kV 配网不停电作业现场作业规范》（Q/GDW07 006-2021-10501）附录 B 中 B.26、附录 C 中 C.26。

4.8.26.2　作业方法

内容说明：绝缘杆作业方法/绝缘手套作业方法。

技术标准：《10kV 配网不停电作业规范》（Q/GDW 10520—2016）附录 C 中 C.26.2、《10kV 配网不停电作业现场作业规范》（Q/GDW07 006-2021-10501）附录 B 中 B.26、附录 C 中 C.26。

4.8.26.3　主要工器具配备

内容说明：该作业项目的主要工器具配备。

技术标准：《10kV 配网不停电作业规范》（Q/GDW 10520—2016）附录 C 中 C.26.3、《10kV 配网不停电作业现场作业规范》（Q/GDW07 006-2021-10501）附录 B 中 B.26、附录 C 中 C.26。

4.8.26.4　作业步骤

内容说明：该作业项目的详细作业步骤。

技术标准：《10kV 配网不停电作业规范》（Q/GDW 10520—2016）附录 C 中 C.26.4、《10kV 配网不停电作业现场作业规范》（Q/GDW07 006-2021-10501）附录 B 中 B.26、附录 C 中 C.26。

4.8.26.5　安全措施及注意事项

内容说明：该作业项目的安全措施及注意事项。

技术标准：《10kV 配网不停电作业规范》（Q/GDW 10520—2016）附录 C 中 C.26.5、《10kV 配网不停电作业现场作业规范》（Q/GDW07 006-2021-10501）附录 B 中 B.26、附录 C 中 C.26。

4.8.27 带电接空载电缆线路与架空线路连接引线

4.8.27.1 人员组合

内容说明：该作业项目推荐的人员组合。

技术标准：《10kV 配网不停电作业规范》（Q/GDW 10520—2016）附录 C 中 C.27.1、《10kV 配网不停电作业现场作业规范》（Q/GDW07 006-2021-10501）附录 B 中 B.27、附录 C 中 C.27。

4.8.27.2 作业方法

内容说明：绝缘杆作业方法/绝缘手套作业方法。

技术标准：《10kV 配网不停电作业规范》（Q/GDW 10520—2016）附录 C 中 C.27.2、《10kV 配网不停电作业现场作业规范》（Q/GDW07 006-2021-10501）附录 B 中 B.27、附录 C 中 C.27。

4.8.27.3 主要工器具配备

内容说明：该作业项目的主要工器具配备。

技术标准：《10kV 配网不停电作业规范》（Q/GDW 10520—2016）附录 C 中 C.27.3、《10kV 配网不停电作业现场作业规范》（Q/GDW07 006-2021-10501）附录 B 中 B.27、附录 C 中 C.27。

4.8.27.4 作业步骤

内容说明：该作业项目的详细作业步骤。

技术标准：《10kV 配网不停电作业规范》（Q/GDW 10520—2016）附录 C 中 C.27.4、《10kV 配网不停电作业现场作业规范》（Q/GDW07 006-2021-10501）附录 B 中 B.27、附录 C 中 C.27。

4.8.27.5 安全措施及注意事项

内容说明：该作业项目的安全措施及注意事项。

技术标准：《10kV 配网不停电作业规范》（Q/GDW 10520—2016）附录 C 中 C.27.5、《10kV 配网不停电作业现场作业规范》（Q/GDW07 006-2021-10501）附录 B 中 B.27、附录 C 中 C.27。

4.8.28 带负荷直线杆改耐张杆并加装柱上开关或隔离开关

4.8.28.1 人员组合

内容说明：该作业项目推荐的人员组合。

技术标准：《10kV 配网不停电作业规范》（Q/GDW 10520—2016）附录 C 中

C.28.1、《10kV 配网不停电作业现场作业规范》（Q/GDW07 006-2021-10501）附录 B 中 B.28、附录 C 中 C.28。

4.8.28.2　作业方法

内容说明：绝缘手套作业方法。

技术标准：《10kV 配网不停电作业规范》（Q/GDW 10520—2016）附录 C 中 C.28.2、《10kV 配网不停电作业现场作业规范》（Q/GDW07 006-2021-10501）附录 B 中 B.28、附录 C 中 C.28。

4.8.28.3　主要工器具配备

内容说明：该作业项目的主要工器具配备。

技术标准：《10kV 配网不停电作业规范》（Q/GDW 10520—2016）附录 C 中 C.28.3、《10kV 配网不停电作业现场作业规范》（Q/GDW07 006-2021-10501）附录 B 中 B.28、附录 C 中 C.28。

4.8.28.4　作业步骤

内容说明：该作业项目的详细作业步骤。

技术标准：《10kV 配网不停电作业规范》（Q/GDW 10520—2016）附录 C 中 C.28.4、《10kV 配网不停电作业现场作业规范》（Q/GDW07 006-2021-10501）附录 B 中 B.28、附录 C 中 C.28。

4.8.28.5　安全措施及注意事项

内容说明：该作业项目的安全措施及注意事项。

技术标准：《10kV 配网不停电作业规范》（Q/GDW 10520—2016）附录 C 中 C.28.5、《10kV 配网不停电作业现场作业规范》（Q/GDW07 006-2021-10501）附录 B 中 B.28、附录 C 中 C.28。

4.8.29　不停电更换柱上变压器

4.8.29.1　人员组合

内容说明：该作业项目推荐的人员组合。

技术标准：《10kV 配网不停电作业规范》（Q/GDW 10520—2016）附录 C 中 C.29.1、《10kV 配网不停电作业现场作业规范》（Q/GDW07 006-2021-10501）附录 B 中 B.29、附录 C 中 C.29。

4.8.29.2　作业方法

内容说明：综合不停电作业方法。

技术标准：《10kV 配网不停电作业规范》（Q/GDW 10520—2016）附录 C 中

C.29.2、《10kV 配网不停电作业现场作业规范》（Q/GDW07 006-2021-10501）附录 B 中 B.29、附录 C 中 C.29。

4.8.29.3 主要工器具配备

内容说明：该作业项目的主要工器具配备。

技术标准：《10kV 配网不停电作业规范》（Q/GDW 10520—2016）附录 C 中 C.29.3、《10kV 配网不停电作业现场作业规范》（Q/GDW07 006-2021-10501）附录 B 中 B.29、附录 C 中 C.29。

4.8.29.4 作业步骤

内容说明：该作业项目的详细作业步骤。

技术标准：《10kV 配网不停电作业规范》（Q/GDW 10520—2016）附录 C 中 C.29.4、《10kV 配网不停电作业现场作业规范》（Q/GDW07 006-2021-10501）附录 B 中 B.29、附录 C 中 C.29。

4.8.29.5 安全措施及注意事项

内容说明：该作业项目的安全措施及注意事项。

技术标准：《10kV 配网不停电作业规范》（Q/GDW 10520—2016）附录 C 中 C.29.5、《10kV 配网不停电作业现场作业规范》（Q/GDW07 006-2021-10501）附录 B 中 B.29、附录 C 中 C.29。

4.8.30 旁路作业检修架空线路

4.8.30.1 人员组合

内容说明：该作业项目推荐的人员组合。

技术标准：《10kV 配网不停电作业规范》（Q/GDW 10520—2016）附录 C 中 C.30.1、《10kV 配网不停电作业现场作业规范》（Q/GDW07 006-2021-10501）附录 B 中 B.30、附录 C 中 C.30。

4.8.30.2 作业方法

内容说明：综合不停电作业方法。

技术标准：《10kV 配网不停电作业规范》（Q/GDW 10520—2016）附录 C 中 C.30.2、《10kV 配网不停电作业现场作业规范》（Q/GDW07 006-2021-10501）附录 B 中 B.30、附录 C 中 C.30。

4.8.30.3 主要工器具配备

内容说明：该作业项目的主要工器具配备。

技术标准：《10kV 配网不停电作业规范》（Q/GDW 10520—2016）附录 C 中

C.30.3、《10kV 配网不停电作业现场作业规范》（Q/GDW07 006-2021-10501）附录 B 中 B.30、附录 C 中 C.30。

4.8.30.4 作业步骤

内容说明：该作业项目的详细作业步骤。

技术标准：《10kV 配网不停电作业规范》（Q/GDW 10520—2016）附录 C 中 C.30.4、《10kV 配网不停电作业现场作业规范》（Q/GDW07 006-2021-10501）附录 B 中 B.30、附录 C 中 C.30。

4.8.30.5 安全措施及注意事项

内容说明：该作业项目的安全措施及注意事项。

技术标准：《10kV 配网不停电作业规范》（Q/GDW 10520—2016）附录 C 中 C.30.5、《10kV 配网不停电作业现场作业规范》（Q/GDW07 006-2021-10501）附录 B 中 B.30、附录 C 中 C.30。

4.8.31 旁路作业检修电缆线路

4.8.31.1 人员组合

内容说明：该作业项目推荐的人员组合。

技术标准：《10kV 配网不停电作业规范》（Q/GDW 10520—2016）附录 C.31.1、《10kV 配网不停电作业现场作业规范》（Q/GDW07 006-2021-10501）附录 B 中 B.31、附录 C 中 C.31。

4.8.31.2 作业方法

内容说明：综合不停电作业方法。

技术标准：《10kV 配网不停电作业规范》（Q/GDW 10520—2016）附录 C 中 C.31.2、《10kV 配网不停电作业现场作业规范》（Q/GDW07 006-2021-10501）附录 B 中 B.31、附录 C 中 C.31。

4.8.31.3 主要工器具配备

内容说明：该作业项目的主要工器具配备。

技术标准：《10kV 配网不停电作业规范》（Q/GDW 10520—2016）附录 C 中 C.31.3、《10kV 配网不停电作业现场作业规范》（Q/GDW07 006-2021-10501）附录 B 中 B.31、附录 C 中 C.31。

4.8.31.4 作业步骤

内容说明：该作业项目的详细作业步骤。

技术标准：《10kV 配网不停电作业规范》（Q/GDW 10520—2016）附录 C 中

C.31.4、《10kV 配网不停电作业现场作业规范》（Q/GDW07 006-2021-10501）附录 B 中 B.31、附录 C 中 C.31。

4.8.31.5 安全措施及注意事项

内容说明：该作业项目的安全措施及注意事项。

技术标准：《10kV 配网不停电作业规范》（Q/GDW 10520—2016）附录 C 中 C.31.5、《10kV 配网不停电作业现场作业规范》（Q/GDW07 006-2021-10501）附录 B 中 B.31、附录 C 中 C.31。

4.8.32 旁路作业检修环网箱

4.8.32.1 人员组合

内容说明：该作业项目推荐的人员组合。

技术标准：《10kV 配网不停电作业规范》（Q/GDW 10520—2016）附录 C 中 C.32.1、《10kV 配网不停电作业现场作业规范》（Q/GDW07 006-2021-10501）附录 B 中 B.32、附录 C 中 C.32。

4.8.32.2 作业方法

内容说明：综合不停电作业方法。

技术标准：《10kV 配网不停电作业规范》（Q/GDW 10520—2016）附录 C 中 C.32.2、《10kV 配网不停电作业现场作业规范》（Q/GDW07 006-2021-10501）附录 B 中 B.32、附录 C 中 C.32。

4.8.32.3 主要工器具配备

内容说明：该作业项目的主要工器具配备。

技术标准：《10kV 配网不停电作业规范》（Q/GDW 10520—2016）附录 C 中 C.32.3、《10kV 配网不停电作业现场作业规范》（Q/GDW07 006-2021-10501）附录 B 中 B.32、附录 C 中 C.32。

4.8.32.4 作业步骤

内容说明：该作业项目的详细作业步骤。

技术标准：《10kV 配网不停电作业规范》（Q/GDW 10520—2016）附录 C 中 C.32.4、《10kV 配网不停电作业现场作业规范》（Q/GDW07 006-2021-10501）附录 B 中 B.32、附录 C 中 C.32。

4.8.32.5 安全措施及注意事项

内容说明：该作业项目的安全措施及注意事项。

技术标准：《10kV 配网不停电作业规范》（Q/GDW 10520—2016）附录 C 中

C.32.5、《10kV 配网不停电作业现场作业规范》（Q/GDW07 006-2021-10501）附录 B 中 B.32、附录 C 中 C.32。

4.8.33 从环网箱（架空线路）等设备临时取电给环网箱、移动箱式变电站供电

4.8.33.1 人员组合

内容说明：该作业项目推荐的人员组合。

技术标准：《10kV 配网不停电作业规范》（Q/GDW 10520—2016）附录 C 中 C.33.1、《10kV 配网不停电作业现场作业规范》（Q/GDW07 006-2021-10501）附录 B 中 B.33、附录 C 中 C.33。

4.8.33.2 作业方法

内容说明：综合不停电作业方法。

技术标准：《10kV 配网不停电作业规范》（Q/GDW 10520—2016）附录 C 中 C.33.2、《10kV 配网不停电作业现场作业规范》（Q/GDW07 006-2021-10501）附录 B 中 B.33、附录 C 中 C.33。

4.8.33.3 主要工器具配备

内容说明：该作业项目的主要工器具配备。

技术标准：《10kV 配网不停电作业规范》（Q/GDW 10520—2016）附录 C 中 C.33.3、《10kV 配网不停电作业现场作业规范》（Q/GDW07 006-2021-10501）附录 B 中 B.33、附录 C 中 C.33。

4.8.33.4 作业步骤

内容说明：该作业项目的详细作业步骤。

技术标准：《10kV 配网不停电作业规范》（Q/GDW 10520—2016）附录 C 中 C.33.4、《10kV 配网不停电作业现场作业规范》（Q/GDW07 006-2021-10501）附录 B 中 B.33、附录 C 中 C.33。

4.8.33.5 安全措施及注意事项

内容说明：该作业项目的安全措施及注意事项。

技术标准：《10kV 配网不停电作业规范》（Q/GDW 10520—2016）附录 C 中 C.33.5、《10kV 配网不停电作业现场作业规范》（Q/GDW07 006-2021-10501）附录 B 中 B.33、附录 C 中 C.33。

4.9 不停电作业统计规定

4.9.1 作业次数

内容说明：不停电作业次数统计规定。

技术标准：《10kV 配网不停电作业规范》（Q/GDW 10520—2016）附录 B 中 B.1。

4.9.2 不停电作业时间

内容说明：不停电作业时间统计规定。

技术标准：《10kV 配网不停电作业规范》（Q/GDW 10520—2016）附录 B 中 B.2。

4.9.3 减少停电时户数

内容说明：不停电作业减少停电时户数统计规定。

技术标准：《10kV 配网不停电作业规范》（Q/GDW 10520—2016）附录 B 中 B.3。

4.9.4 多供电量

内容说明：不停电作业多供电量统计规定。

技术标准：《10kV 配网不停电作业规范》（Q/GDW 10520—2016）附录 B 中 B.4。

4.9.5 工时数

内容说明：不停电作业工时数统计规定。

技术标准：《10kV 配网不停电作业规范》（Q/GDW 10520—2016）附录 B 中 B.5。

4.9.6 提高供电可靠率

内容说明：不停电作业提高供电可靠率统计规定。

技术标准：《10kV 配网不停电作业规范》（Q/GDW 10520—2016）附录 B 中 B.6。

4.9.7 不停电作业化率

内容说明：不停电作业化率统计规定。

技术标准：《10kV 配网不停电作业规范》（Q/GDW 10520—2016）附录 B 中 B.7。

4.10　人员、工器具及车辆配置原则

4.10.1　基本要求

内容说明：人员、工器具及车辆应按照开展的不停电作业类别，科学、合理地进行配置。

技术标准：《10kV 配网不停电作业规范》（Q/GDW 10520—2016）附录 D 中 D.1、《10kV 配网不停电作业现场作业规范》（Q/GDW07 006-2021-10501）附录 D 中 D.1。

4.10.2　本原则基本规定

内容说明：本原则规定了开展各类不停电作业项目的最少人员、工器具及车辆的配置，各单位可根据不停电作业实际情况适当增加。

技术标准：《10kV 配网不停电作业规范》（Q/GDW 10520—2016）附录 D 中 D.2、《10kV 配网不停电作业现场作业规范》（Q/GDW07 006-2021-10501）附录 D 中 D.2。

4.10.3　工器具及车辆配置原则

内容说明：第一类、第二类、第三类作业项目工器具及车辆数量以小组为单位配置；第二类作业项目工器具涵盖第一类；第三类作业项目工器具及车辆配置内容涵盖第二类，可适当调整；第四类作业项目工器具及车辆配置原则，以班组为单位并结合实际情况而定。

技术标准：《10kV 配网不停电作业规范》（Q/GDW 10520—2016）附录 D 中 D.3、《10kV 配网不停电作业现场作业规范》（Q/GDW07 006-2021-10501）附录 D 中 D.3。

4.10.4　第一类、二类作业项目人员、工器具和车辆配置要求

4.10.4.1　人员配置原则

内容说明：班组每小组以 3～4 人为宜。

技术标准：《10kV 配网不停电作业规范》（Q/GDW 10520—2016）附录 D 中 D.4.1、《10kV 配网不停电作业现场作业规范》（Q/GDW07 006-2021-10501）附录

D 中 D.4.1。

4.10.4.2 工器具配置

内容说明：推荐了第一类、二类作业项目工器具配置。

技术标准：《10kV 配网不停电作业规范》（Q/GDW 10520—2016）附录 D 中 D.4.2、《10kV 配网不停电作业现场作业规范》（Q/GDW07 006-2021-10501）附录 D 中 D.4.2。

4.10.4.3 车辆配置

内容说明：第二类作业项目宜配置绝缘斗臂车，如无绝缘斗臂车则应配置绝缘工作平台。

技术标准：《10kV 配网不停电作业规范》（Q/GDW 10520—2016）附录 D 中 D.4.3、《10kV 配网不停电作业现场作业规范》（Q/GDW07 006-2021-10501）附录 D 中 D.4.3。

4.10.4.4 库房

内容说明：应配置带电作业专用工具柜，有条件的单位可配置专用库房，绝缘斗臂车应配置专用车库。

技术标准：《10kV 配网不停电作业规范》（Q/GDW 10520—2016）附录 D 中 D.4.4、《10kV 配网不停电作业现场作业规范》（Q/GDW07 006-2021-10501）附录 D 中 D.4.4。

4.10.5 第三类、四类和作业项目人员、工器具及车辆配置要求

4.10.5.1 人员配置原则

内容说明：每小组以 6～10 人为宜，可根据项目开展情况适当增加人员。

技术标准：《10kV 配网不停电作业规范》（Q/GDW 10520—2016）附录 D 中 D.5.1、《10kV 配网不停电作业现场作业规范》（Q/GDW07 006-2021-10501）附录 D 中 D.5.1。

4.10.5.2 工器具配置

内容说明：推荐了第三类、四类作业项目工器具配置。

技术标准：《10kV 配网不停电作业规范》（Q/GDW 10520—2016）附录 D 中 D.5.2、《10kV 配网不停电作业现场作业规范》（Q/GDW07 006-2021-10501）附录 D 中 D.5.2。

4.10.5.3 车辆配置

内容说明：第三类、四类作业项目应配置绝缘斗臂车，开展综合不停电作业

还可根据具体情况配置旁路作业车、发电车、移动箱式变电站车。

技术标准：《10kV 配网不停电作业规范》（Q/GDW 10520—2016）附录 D 中 D.5.3、《10kV 配网不停电作业现场作业规范》（Q/GDW07 006-2021-10501）附录 D 中 D.5.3。

5

配电网运维检修管理

5.1 职 责 分 工

5.1.1 配电网运维职责分工

5.1.1.1 配电网运维管理原则

内容说明：配电网运维管理工作实行归口管理。

管理规定：《国家电网公司配网运维管理规定》[国网（运检/4）306—2014]第4条。

5.1.1.2 国网运检部主要职责

内容说明：国网运检部相关职责内容。

管理规定：《国家电网公司配网运维管理规定》[国网（运检/4）306—2014]第5条。

5.1.1.3 省公司运检部主要职责

内容说明：省公司运检部相关职责内容。

管理规定：《国家电网公司配网运维管理规定》[国网（运检/4）306—2014]第6条。

5.1.1.4 地市供电企业运检部主要职责

内容说明：地市供电企业运检部主要职责内容。

管理规定：《国家电网公司配网运维管理规定》[国网（运检/4）306—2014]第7条。

5.1.1.5 县供电企业运检部［检修（建设）工区］主要职责

内容说明：县供电企业运检部［检修（建设）工区］主要职责内容。

管理规定：《国家电网公司配网运维管理规定》[国网（运检/4）306—2014]第8条。

5.1.1.6　运维班组主要职责

内容说明：运维班组相关职责内容。

管理规定：《国家电网公司配网运维管理规定》［国网（运检/4）306—2014］第 9 条。

5.1.1.7　中国电科院主要职责

内容说明：中国电科院相关职责内容。

管理规定：《国家电网公司配网运维管理规定》［国网（运检/4）306—2014］第 10 条。

5.1.1.8　省电科院主要职责

内容说明：省电科院相关职责内容。

管理规定：《国家电网公司配网运维管理规定》［国网（运检/4）306—2014］第 11 条。

5.1.2　配电网检修职责分工

5.1.2.1　配电网检修管理原则

内容说明：配电网检修管理工作实行归口管理。

管理规定：《国家电网公司配网检修管理规定》［国网（运检/4）311—2014］第 6 条。

5.1.2.2　国家电网公司运检部主要职责

内容说明：国家电网公司运检部相关职责内容。

管理规定：《国家电网公司配网检修管理规定》［国网（运检/4）311—2014］第 7 条。

5.1.2.3　省公司运检部主要职责

内容说明：省公司运检部相关职责内容。

管理规定：《国家电网公司配网检修管理规定》［国网（运检/4）311—2014］第 8 条。

5.1.2.4　地市供电企业运检部主要职责

内容说明：地市供电企业运检部主要职责内容。

管理规定：《国家电网公司配网检修管理规定》［国网（运检/4）311—2014］第 9 条。

5.1.2.5　县供电企业运检部［检修（建设）工区］主要职责

内容说明：县供电企业运检部［检修（建设）工区］主要职责内容。

管理规定：《国家电网公司配网检修管理规定》［国网（运检/4）311—2014］第 10 条。

5.1.2.6　运检班组主要职责

内容说明：运检班组相关职责内容。

管理规定：《国家电网公司配网检修管理规定》［国网（运检/4）311—2014］第 11 条。

5.1.2.7　配电网带电作业班组主要职责

内容说明：配电网带电作业班组相关职责内容。

管理规定：《国家电网公司配网检修管理规定》［国网（运检/4）311—2014］第 12 条。

5.1.2.8　中国电科院主要职责

内容说明：中国电科院相关职责内容。

管理规定：《国家电网公司配网检修管理规定》［国网（运检/4）311—2014］第 13 条。

5.1.2.9　省电科院主要职责

内容说明：省电科院相关职责内容。

管理规定：《国家电网公司配网检修管理规定》［国网（运检/4）311—2014］第 14 条。

5.2　生　产　准　备

5.2.1　配电网工程前期生产准备

5.2.1.1　可研、初设评审及技术审查

内容说明：审查方案合理性及可行性，便于设备运维。

技术标准：《配电网运维规程》（Q/GDW 1519—2014）第 5.2 节。

管理规定：《国家电网公司配网运维管理规定》［国网（运检/4）306—2014］第 12 条；《国家电网公司生产准备及验收管理规定》［国网（运检/3）296—2014］第 22 条；《冀北电力有限公司生产准备管理办法》（冀北电运检〔2012〕82 号）第 5 条；《国家电网公司电缆及通道运维管理规定》［国网（运检/4）307—2014］第 13 条；《国家电网有限公司十八项电网重大反事故措施（修订版）》（国家电网设备〔2018〕979 号）。

5.2.1.2 落实技术标准和反措要求

内容说明：将相关文件规定切实反映在实际生产工作上。

技术标准：同 5.2.1.1。

管理规定：《国家电网公司配网运维管理规定》［国网（运检/4）306—2014］第 12 条；《国家电网公司生产准备及验收管理规定》［国网（运检/3）296—2014］第 22 条；《冀北电力有限公司生产准备管理办法》（冀北电运检〔2012〕82 号）第 9 条；《国家电网公司电缆及通道运维管理规定》［国网（运检/4）307—2014］第 13 条；《国家电网有限公司十八项电网重大反事故措施（修订版）》（国家电网设备〔2018〕979 号）。

5.2.1.3 及时掌握配电网设备、材料的入厂监造、出厂验收、关键试验及抽检情况

内容说明：做好工程设备材料的质量监督工作。

技术标准：同 5.2.1.1。

管理规定：《国家电网公司配网运维管理规定》［国网（运检/4）306—2014］第 13 条；《国家电网公司生产准备及验收管理规定》［国网（运检/3）296—2014］第 15 条；《冀北电力有限公司生产准备管理办法》（冀北电运检〔2012〕82 号）第 15 条；《国家电网公司电缆及通道运维管理规定》［国网（运检/4）307—2014］第 13 条；《国家电网有限公司十八项电网重大反事故措施（修订版）》（国家电网设备〔2018〕979 号）。

5.2.2 配电网施工中生产准备

5.2.2.1 掌握工程进度

内容说明：介入施工，确保工程按时完工。

技术标准：同 5.2.1.1。

管理规定：《国家电网公司配网运维管理规定》［国网（运检/4）306—2014］第 13 条；《国家电网公司生产准备及验收管理规定》［国网（运检/3）296—2014］第 25 条；《冀北电力有限公司生产准备管理办法》（冀北电运检〔2012〕82 号）第 9 条；《国家电网公司电缆及通道运维管理规定》［国网（运检/4）307—2014］第 14 条。

5.2.2.2 参与工程验收

内容说明：做好施工中的工作环节验收。

技术标准：同 5.2.1.1。

管理规定:《国家电网公司配网运维管理规定》[国网(运检/4)306—2014]
第 13 条;《国家电网公司生产准备及验收管理规定》[国网(运检/3)296—2014]
第 6 条;《冀北电力有限公司生产准备管理办法》(冀北电运检〔2012〕82 号)
第 9 条;《国家电网公司电缆及通道运维管理规定》[国网(运检/4)307—2014]
第 14 条。

5.2.2.3 新产品安装调试、试验、新技术应用等关键环节质量监督

内容说明:新产品、新技术引进前做好质量检验。

技术标准:同 5.2.1.1。

管理规定:《国家电网公司配网运维管理规定》[国网(运检/4)306—2014]
第 13 条;《国家电网公司生产准备及验收管理规定》[国网(运检/3)296—2014]
第 4 条;《冀北电力有限公司生产准备管理办法》(冀北电运检〔2012〕82 号)
第 16 条;《国家电网公司电缆及通道运维管理规定》[国网(运检/4)307—2014]
第 14 条。

5.2.2.4 记录问题并督促整改

内容说明:做好记录,与目标比较,持续改进。

技术标准:同 5.2.1.1。

管理规定:《国家电网公司配网运维管理规定》[国网(运检/4)306—2014]
第 13 条;《国家电网公司生产准备及验收管理规定》[国网(运检/3)296—2014]
第 24 条;《冀北电力有限公司生产准备管理办法》(冀北电运检〔2012〕82 号)
第 21 条。

5.2.3 配电网竣工验收前生产准备

5.2.3.1 验收前按需求完成生产装备、工器具的配置

内容说明:进行工程验收工作需要的装备、工具提前配备齐全。

技术标准:同 5.2.1.1。

管理规定:《国家电网公司配网运维管理规定》[国网(运检/4)306—2014]
第 14 条;《国家电网公司生产准备及验收管理规定》[国网(运检/3)296—2014]
第 35 条;《冀北电力有限公司生产准备管理办法》(冀北电运检〔2012〕82 号)
第 16 条。

5.2.3.2 提前收集投运设备各类信息、基础数据与相关资料

内容说明:做好工程完工后的资料文件整理工作。

技术标准:同 5.2.1.1。

管理规定：《国家电网公司配网运维管理规定》［国网（运检/4）306—2014］第14条；《国家电网公司生产准备及验收管理规定》［国网（运检/3）296—2014］第8条；《冀北电力有限公司生产准备管理办法》（冀北电运检〔2012〕82号）第7条；《国家电网公司电缆及通道运维管理规定》［国网（运检/4）307—2014］第15条。

5.2.3.3　建立设备台账

内容说明：将新投运的设备相关属性信息录入生产管理系统。

技术标准：同5.2.1.1。

管理规定：《国家电网公司配网运维管理规定》［国网（运检/4）306—2014］第14条；《国家电网公司生产准备及验收管理规定》［国网（运检/3）296—2014］第48条；《冀北电力有限公司生产准备管理办法》（冀北电运检〔2012〕82号）第14条；《国家电网公司电缆及通道运维管理规定》［国网（运检/4）307—2014］第16条。

5.2.3.4　工器具与备品备件的接收

内容说明：工程完毕后，设备出厂后所余同设备的备品备件做好接收工作。

技术标准：同5.2.1.1。

管理规定：《国家电网公司配网运维管理规定》［国网（运检/4）306—2014］第14条；《国家电网公司生产准备及验收管理规定》［国网（运检/3）296—2014］第48条；《冀北电力有限公司生产准备管理办法》（冀北电运检〔2012〕82号）第23条；《国家电网公司电缆及通道运维管理规定》［国网（运检/4）307—2014］第16条。

5.2.3.5　标志标识

内容说明：设备标识应规范，同一调度权限范围内，设备名称及编号应保持唯一。

技术标准：同5.2.1.1。

管理规定：《国家电网公司配网运维管理规定》［国网（运检/4）306—2014］第15条；《国家电网公司生产准备及验收管理规定》［国网（运检/3）296—2014］第41条；《冀北电力有限公司生产准备管理办法》（冀北电运检〔2012〕82号）第20条；《国家电网公司电缆及通道运维管理规定》［国网（运检/4）307—2014］第18条。

5.3 验 收 管 理

5.3.1 验收环节

5.3.1.1 设备到货验收

内容说明：设备运到生产单位后，进行开箱检查等验收环节。

技术标准：《配电网运维规程》（Q/GDW 1519—2014）第 5.3 条。

管理规定：《国家电网公司配网运维管理规定》[国网（运检/4）306—2014] 第 4 章；《配电设备状态检修管理标准》（Q/GDW07 018-2012-20706）第 5.5.6 条；《配网运维管理标准》（Q/GDW07 016-2012-20706）第 5.7.1 条。

5.3.1.2 中间验收

内容说明：生产施工中间环节的施工质量验收，为了不影响下一道施工工序。

技术标准：《配电网运维规程》（Q/GDW 1519—2014）第 5.4 条。

管理规定：《国家电网公司配网运维管理规定》[国网（运检/4）306—2014] 第 4 章；《配电网运行规程》（Q/GDW 519—2010）第 8.2 条；《冀北电力有限公司 10kV 配电网运维与检修工作规范（试行）》（冀北电运检〔2012〕14 号）第 12 条；《冀北电力有限公司 10kV 配电网运维与检修管理办法（试行）》（冀北电运检〔2012〕13 号）第 41 条；《冀北电力有限公司配电网运维管理办法》第 7 节；《配电设备状态检修管理标准》（Q/GDW07 018-2012-20706）第 5.5.6 条；《配网运维管理标准》（Q/GDW07 016-2012-20706）第 5.7.1 条。

5.3.1.3 交接验收

内容说明：签订移交生产交接书，明确验收意见、移交的工程范围、专用工器具、备品备件和工程资料清单。

技术标准：同 5.3.1.2。

管理规定：同 5.3.1.2 。

5.3.1.4 竣工验收

内容说明：工程整体完工后，对工程进行整体验收。

技术标准：《配电网运维规程》（Q/GDW 1519—2014）第 5.5 条。

管理规定：同 5.3.1.2。

5.3.2 验收类型

5.3.2.1 整体项目验收

内容说明：以一个基建、技改、大修项目为单元，根据分类对所有个体设备进行独立验收检查。

技术标准：《配电网运维规程》（Q/GDW 1519—2014）第 5 章。

管理规定：《国家电网公司配网运维管理规定》[国网（运检/4）306—2014] 第 4 章。

5.3.2.2 设备单元验收

内容说明：适用于单个设备更换。

技术标准：同 5.3.2.1。

管理规定：《国家电网公司配网运维管理规定》[国网（运检/4）306—2014] 第 4 章；《配电网运行规程》（Q/GDW 519—2010）第 8.2 条。

5.3.3 复验

内容说明：对验收过程中发现的问题，要求施工单位限期整改后，再次进行检查验收，合格后方可投入运行。

管理规定：《国家电网公司配网运维管理规定》[国网（运检/4）306—2014] 第 4 章；《冀北电力有限公司 10kV 配电网运维与检修工作规范（试行）》（冀北电运检〔2012〕14 号）第 13 条；《冀北电力有限公司 10kV 配电网运维与检修管理办法（试行）》（冀北电运检〔2012〕13 号）第 7 节；《冀北电力有限公司配电网运维管理办法》第 7 节；《配电设备状态检修管理标准》（Q/GDW07 018-2012-20706）第 5.5.6 条；《配网运维管理标准》（Q/GDW07 016-2012-20706）第 5.7.1 条。

5.3.4 设备台账变更

内容说明：对验收过程中发现的问题，要求施工单位限期整改后，再次检查验收，合格后方可投入运行。

管理规定：同 5.3.2.2。

5.3.5 交接试验

内容说明：对于投入运行前的配电网线路、设备，应开展交接试验工作，试验发现的问题要及时进行记录、分析、汇总，重大问题要及时汇报，发现的设备缺陷按照缺陷管理流程处理。

管理规定：同 5.3.2.2。

5.4　配 电 网 维 护

5.4.1　运维分界

内容说明：以变电站出线开关柜内电缆终端为分界点，电缆终端（含连接螺栓）及电缆属配电网运维，以门型架耐张线夹外侧 1m 为分界点，以表箱为分界点，表箱前所辖线路属配电网运维。

管理规定：《国家电网公司配网运维管理规定》[国网（运检/4）306—2014]第 21 条；《冀北电力有限公司 10kV 配电网运维与检修管理办法》第 36 条；《配电设备状态检修管理标准》（Q/GDW07 018-2012-20706）第 5.4 条；《配网运维管理标准》（Q/GDW07 016-2012-20706）第 5.1.6 条；《冀北电力有限公司配电网运维管理办法》第 15 条。

5.4.2　巡视检查和防护基本要求

5.4.2.1　一般要求

内容说明：运行单位应结合设备运行状况和气候、环境变化情况及上级生产管理部门的要求，制定切实可行的管理办法，编制计划并合理安排线路、设备的巡视检查（简称巡视）工作，上级生产管理部门应对运行单位开展的巡视工作进行监督与考核。

技术标准：《配电网运维规程》（Q/GDW 1519—2014）第 6 章。

管理规定：《国家电网公司配网运维管理规定》[国网（运检/4）306—2014]第 24 条；《冀北电力有限公司 10kV 配电网运维与检修管理办法》第 7 章；《冀北电力有限公司 10kV 配电网运维与检修工作规范》第 5 条；《冀北电力有限公司配电网运维管理办法》第 2 节；《配电设备状态检修管理标准》（Q/GDW07 018-2012-20706）第 5.5.1 条；《配网运维管理标准》（Q/GDW07 016-2012-20706）第 5.1 条；《国家电网公司电缆及通道运维管理规定》[国网（运检/4）307—2014]第 5 章。

5.4.2.2　巡视分类

内容说明：配电设备的巡视检查可分为定期巡视、特殊巡视、夜间巡视、故障性巡视、监察性巡视等。

技术标准：同 5.4.2.1。

管理规定：《国家电网公司配网运维管理规定》[国网（运检/4）306—2014]第 26 条；《冀北电力有限公司 10kV 配电网运维与检修管理办法》第 36 条；《冀北电力有限公司 10kV 配电网运维与检修工作规范》第 5 条；《冀北电力有限公司配电网运维管理办法》第 22 条；《配电设备状态检修管理标准》（Q/GDW07 018-2012-20706）第 5.5.1 条；《配网运维管理标准》（Q/GDW07 016-2012-20706）第 5.2 条；《国家电网公司电缆及通道运维管理规定》[国网（运检/4）307—2014]第 5 章。

5.4.2.3 巡视周期

内容说明：配电网设备定期进行巡视。

技术标准：同 5.4.2.1。

管理规定：《国家电网公司配网运维管理规定》[国网（运检/4）306—2014]第 25 条；《冀北电力有限公司 10kV 配电网运维与检修管理办法》第 37 条；《冀北电力有限公司 10kV 配电网运维与检修工作规范》第 5 条；《冀北电力有限公司配电网运维管理办法》第 22 条；《配电设备状态检修管理标准》（Q/GDW07 018-2012-20706）第 5.5.1 条；《配网运维管理标准》（Q/GDW07 016-2012-20706）第 5.2.7 条；《国家电网公司电缆及通道运维管理规定》[国网（运检 4）307—2014]第 5 章。

5.4.3 巡视责任制

内容说明：建立健全配电网巡视岗位责任制，巡视工作中应按线路区段明确巡视责任人。

管理规定：《国家电网公司配网运维管理规定》[国网（运检/4）306—2014]第 22 条；《冀北电力有限公司 10kV 配电网运维与检修管理办法》第 37 条；《冀北电力有限公司配电网运维管理办法》第 2 节；《配电设备状态检修管理标准》（Q/GDW07 018-2012-20706）第 5.5.1 条；《配网运维管理标准》（Q/GDW07 016-2012-20706）第 5.2 条。

5.4.3.1 明确责任人

内容说明：建立健全配电网巡视岗位责任制，巡视工作中应按线路区段明确巡视责任人。

管理规定：《国家电网公司配网运维管理规定》[国网（运检/4）306—2014]

第 22 条；《冀北电力有限公司 10kV 配电网运维与检修管理办法》第 37 条；《冀北电力有限公司配电网运维管理办法》第 2 节；《配电设备状态检修管理标准》（Q/GDW07 018-2012-20706）第 5.5.1 条；《配网运维管理标准》（Q/GDW07 016-2012-20706）第 5.2 条。

5.4.3.2　监督

内容说明：巡视工作应有可靠的监督。

管理规定：《国家电网公司配网运维管理规定》［国网（运检/4）306—2014］第 22 条；《冀北电力有限公司 10kV 配电网运维与检修管理办法》第 37 条；《冀北电力有限公司配电网运维管理办法》第 2 节；《配电设备状态检修管理标准》（Q/GDW07 018-2012-20706）第 5.5.1 条；《配网运维管理标准》（Q/GDW07 016-2012-20706）第 5.2 条；《冀北电力有限公司 10kV 配电网运维与检修工作规范（试行）》（冀北电运检〔2012〕14 号）第 5 条。

5.4.3.3　检查

内容说明：加强对巡视工作的检查。

管理规定：同 5.4.3.2。

5.4.3.4　考核

内容说明：对巡视工作的质量进行考核。

管理规定：同 5.4.3.2。

5.4.4　巡视计划编制

5.4.4.1　巡视流程

内容说明：按巡视计划规范巡视流程，有计划地进行巡视工作。

管理规定：《国家电网公司配网运维管理规定》［国网（运检/4）306—2014］第 24 条；《冀北电力有限公司 10kV 配电网运维与检修管理办法》第 37 条；《冀北电力有限公司配电网运维管理办法》第二节；《配电设备状态检修管理标准》（Q/GDW07 018-2012-20706）第 5.5.1 条；《配网运维管理标准》（Q/GDW07 016-2012-20706）第 5.2 条；《冀北电力有限公司 10kV 配电网运维与检修工作规范（试行）》（冀北电运检〔2012〕14 号）第 5 条；《国家电网公司电缆及通道运维管理规定》［国网（运检/4）307—2014］第 5 章。

5.4.4.2　巡视内容

内容说明：巡视计划中本次巡视的内容。

管理规定：同 5.4.4.1。

5.4.4.3 标准化巡视

内容说明：巡视工作的开展按照相关标准要求进行。

管理规定：同 5.4.4.1。

5.4.5 巡视记录

内容说明：每次开展的巡视工作应做好记录。

管理规定：《国家电网公司配网运维管理规定》[国网（运检/4）306—2014]第 26 条；《冀北电力有限公司 10kV 配电网运维与检修管理办法》第 37 条；《冀北电力有限公司配电网运维管理办法》第 22 条；《配电设备状态检修管理标准》（Q/GDW07 018-2012-20706）第 5.5.1 条；《配网运维管理标准》（Q/GDW07 016-2012-20706）第 5.2 条；《冀北电力有限公司 10kV 配电网运维与检修工作规范（试行）》（冀北电运检〔2012〕14 号）第 5 条；《国家电网公司电缆及通道运维管理规定》[国网（运检/4）307—2014]第 5 章。

5.4.6 巡视内容

5.4.6.1 架空线路的巡视

内容说明：通道、杆塔和基础，横担、金具、绝缘子的检查，拉线、导线的检查。

技术标准：《配电网运维规程》（Q/GDW 1519—2014）第 6 章。

管理规定：《国家电网公司配网运维管理规定》[国网（运检/4）306—2014]第 12 章；《冀北电力有限公司配电网运维管理办法》第 25 条。

5.4.6.2 电力电缆线路的巡视

内容说明：通道的检查，电缆管沟、隧道内部的检查，电缆终端头的检查，电缆中间接头的检查，电缆线路本体的检查，电缆分支箱的检查，电缆温度的检查。

技术标准：同 5.4.6.1。

管理规定：同 5.4.6.1。

5.4.6.3 柱上开关设备的巡视

内容说明：断路器和负荷开关的检查，隔离负荷开关、隔离开关、跌落式熔断器的检查。

技术标准：同 5.4.6.1。

管理规定：同 5.4.6.1。

5.4.6.4 开关柜、配电柜的巡视

内容说明：各种仪表、保护装置、信号装置检查，开关分、合闸位置的检查，开关防误闭锁、设备的各部件连接点、开关柜内电缆终端、接地装置、母线、铭牌及各种标志等的检查。

技术标准：同 5.4.6.1。

管理规定：同 5.4.6.1。

5.4.6.5 配电变压器的巡视

内容说明：变压器各部件触点接触、套管、器油温、油色、油面、各部位密封圈（垫）、分接开关、变压器有无异常的声音，是否存在重载、超载现象、各种标志是否齐全、清晰等的检查。

技术标准：同 5.4.6.1。

管理规定：同 5.4.6.1。

5.4.6.6 防雷和接地装置的巡视

内容说明：接地电阻的测量。

技术标准：同 5.4.6.1。

管理规定：同 5.4.6.1。

5.4.6.7 配电自动化设备的巡视

内容说明：配电自动化设备巡视项目及相关要求。

技术标准：《配电网运维规程》（Q/GDW 1519—2014）第 7 章。

5.4.7 配电网防护

5.4.7.1 一般要求

内容说明：运行单位应根据国家电力设施保护相关法律法规及公司有关规定，结合本单位实际情况，制定配电线路防护措施。

技术标准：同 5.4.6.7。

管理规定：《国家电网公司配网运维管理规定》[国网（运检/4）306—2014]第 6 章第 54 条；《冀北电力有限公司 10kV 配电网运维与检修管理办法》第 37 条；《冀北电力有限公司 10kV 配电网运维与检修工作规范》第 5 条；《冀北电力有限公司配电网运维管理办法》第 25 条；《配电设备状态检修管理标准》（Q/GDW07 018-2012-20706）第 5.5.2 条；《配网运维管理标准》（Q/GDW07 016-1002012-20706）第 5.3 条；《国家电网公司电缆及通道运维管理规定》[国网（运检/4）307—2014]第 5 章。

5.4.7.2　架空线路的防护

内容说明：配电架空线路防护区是为了保证线路的安全运行和保障人民生活的正常供电而设置的安全区域，即导线两边线向外侧各水平延伸 5m 并垂直于地面所形成的两平行面内。

技术标准：同 5.4.6.7。

管理规定：《国家电网公司配网运维管理规定》[国网（运检/4）306—2014]第 6 章第 54 条；《冀北电力有限公司 10kV 配电网运维与检修管理办法》第 37 条。

5.4.7.3　电力电缆线路的防护

内容说明：电缆线路保护区是指地下电缆为电缆线路地面标桩两侧各 0.75m 所形成的两平行线内的区域，保护区的宽度应在地下电缆线路地面标识桩（牌、砖）中注明。

技术标准：同 5.4.6.7。

管理规定：同 5.4.7.1。

5.4.8　配电网维护

5.4.8.1　一般要求

内容说明：配电网维护指不涉及设备整体或重要部件更换的 C 类、D 类和部分 E 类检修工作，主要包括一般性消缺、检查、清扫、保养、带电测试、设备外观检查和临近带电体修剪树枝、清除异物、拆除废旧设备、清理通道等工作，宜结合巡视工作完成。

技术标准：《配电网运维规程》（Q/GDW 1519—2014）第 8 章。

管理规定：《冀北电力有限公司 10kV 配电网运维与检修管理办法》第 38 条；《冀北电力有限公司 10kV 配电网运维与检修工作规范》第 2 章。

5.4.8.2　架空线路的维护

内容说明：包括通道维护，杆塔导线和基础维护，拉线维护。

技术标准：同 5.4.8.1。

管理规定：同 5.4.8.1。

5.4.8.3　电力电缆线路的维护

内容说明：包括通道维护，电缆本体及附件维护，电缆分支箱维护。

技术标准：同 5.4.8.1。

管理规定：同 5.4.8.1。

5.4.8.4　柱上设备的维护

内容说明：包括操动机构维护，异物清除，异物清理。

技术标准：同 5.4.8.1。

管理规定：《冀北电力有限公司 10kV 配电网运维与检修管理办法》第 38 条。

5.4.8.5　开关柜、配电柜的维护

内容说明：包括定期局部放电，清理柜体污秽，修复辅助设备。

技术标准：同 5.4.8.1。

管理规定：同 5.4.8.4。

5.4.8.6　配电变压器的维护

内容说明：包括定期负荷测试，清理壳体污秽，更换干燥剂，补油。

技术标准：同 5.4.8.1。

管理规定：同 5.4.8.4。

5.4.8.7　防雷和接地装置的维护

内容说明：包括修复接地引下线，修复接地体，定期开展接地电阻测量。

技术标准：同 5.4.8.1。

管理规定：同 5.4.8.4。

5.4.8.8　站房类建（构）筑物的维护

内容说明：包括清理站内外杂物及通道，修复破损门窗及挡板，修复箱体及变电站外体，补全修复一次接线图，更换不合格消防器具和工器具，修复照明、通风、排水、除湿等装置。

技术标准：同 5.4.8.1。

管理规定：同 5.4.8.4。

5.4.8.9　配电自动化设备的维护

内容说明：终端维护包括补全缺失的内部线缆链接图，清理外壳及修复外壳，禁锢插头、压板及端子排；直流维护包括清理外壳及修复外壳、禁锢蓄电池连接部位、定期测量电池段电压、进行核对性充放电试验。

技术标准：同 5.4.8.1。

管理规定：同 5.4.8.4。

5.4.8.10　标识标示的维护

内容说明：容包括补全、修复缺失或损坏的各类标识标示。

技术标准：同 5.4.8.1。

管理规定：同 5.4.8.4。

5.4.8.11 仪器仪表的维护

内容说明：每年应定期维护 1 次绝缘电阻表、红外测温仪、测距仪、开关柜局部放电仪等仪器仪表。包括外观检查、绝缘电阻测试、绝缘强度测试、器具检定、电池充放电等。

技术标准：同 5.4.8.1。

管理规定：同 5.4.8.4。

5.4.8.12 季节性维护

内容说明：包括雷雨季节前的防雷维护，汛期前的防汛维护，树木快速生长季的修剪树木，大风季节前的防风维护，夏、冬负荷高峰前的设备维护，秋、冬季节前的除湿防凝露维护，冰雪季前的通道维护。

技术标准：同 5.4.8.1。

管理规定：同 5.4.8.4。

5.5 倒 闸 操 作

5.5.1 倒闸操作原则

内容说明：规范操作流程和内容，落实防误闭锁装置管理要求，杜绝误操作事故发生。

技术标准：《国家电网公司电力安全工作规程（配电部分）（试行）》（国家电网安质〔2014〕265 号）第 5 节。

管理规定：《国家电网公司配网运维管理规定》[国网（运检/4）306—2014]第 7 章；《冀北电力有限公司配电网运维管理办法》第 4 节；《配网运维管理标准》（Q/GDW07 016-2012-20706）第 5.4 条。

5.5.2 倒闸操作方式

5.5.2.1 就地操作

内容说明：操作人员在现场按照操作票实地操作。

技术标准：同 5.5.1。

管理规定：同 5.5.1。

5.5.2.2 遥控操作

内容说明：操作人员使用计算机进行远程自动化操作。

技术标准：同 5.5.1。

管理规定：同 5.5.1。

5.5.3　倒闸操作分类

5.5.3.1　监护操作

内容说明：倒闸操作应由两人进行，一人操作，另一人监护，并认真执行唱票、复诵制。

技术标准：同 5.5.1。

管理规定：同 5.5.1。

5.5.3.2　单人操作

内容说明：指一人进行的操作。

技术标准：同 5.5.1。

5.5.4　倒闸操作基本条件

内容说明：接线图、操作设备标志符合要求，正确投、退操作闭锁和机械锁。

技术标准：同 5.5.1。

5.5.5　操作发令

内容说明：倒闸操作应根据调控值班人员或运维人员的指令，按照规范要求发布指令。

技术标准：《配电网运维规程》（Q/GDW 1519—2014）第 9 章；《国家电网公司电力安全工作规程（配电部分）（试行）》（国家电网安质〔2014〕265 号）第 5 节。

管理规定：《国家电网公司配网运维管理规定》［国网（运检/4）306—2014］第 7 章；《冀北电力有限公司配电网运维管理办法》第 4 节；《配网运维管理标准》（Q/GDW07 016-2012-20706）第 5.4 条。

5.5.6　操作票

5.5.6.1　操作票规范

内容说明：倒闸操作应按规定使用倒闸操作票。

技术标准：《配电网运维规程》（Q/GDW 1519—2014）第 9 章。

管理规定：同 5.5.5。

5.5.6.2　操作票内容

内容说明：使用规范的术语填写操作票。

技术标准：同 5.5.5.

5.5.6.3　可以不用操作票的操作

内容说明：事故紧急处理，拉合断路器（开关）的单一操作，程序操作，低压操作，工作班组的现场操作。

技术标准：同 5.5.1。

5.5.7　倒闸操作基本要求

5.5.7.1　倒闸操作前

内容说明：应核对线路名称、设备双重名称和状态。

技术标准：同 5.5.5。

管理规定：同 5.5.1。

5.5.7.2　倒闸操作中

内容说明：执行唱票、复诵制度，宜全过程录音。

技术标准：同 5.5.5。

管理规定：同 5.5.1。

5.5.7.3　倒闸操作后

内容说明：设备操作后的位置检查，确认该设备是否已操作到位。

技术标准：同 5.5.5。

管理规定：同 5.5.1。

5.5.8　遥控操作及程序操作

内容说明：远方遥控操作断路器前，宜对现场发出提示信号，提醒现场人员远离操作设备。

技术标准：同 5.5.1。

管理规定：同 5.5.1。

5.5.9　低压电气操作

内容说明：操作人员接触低压金属配电箱前应先验电。

技术标准：同 5.5.1。

5.5.10 砍剪树木

内容说明：砍剪树木应有人监护。

技术标准：同 5.5.1。

5.5.11 班组操作票管理

内容说明：运维班组（供电所）应加强对操作准备、操作票填写、接令、模拟预演、操作监护、操作质量检查等各环节管控，并在采购管理系统（PMS）中填写，按照标准化作业执行。

技术标准：同 5.5.1。

5.6 状 态 管 理

5.6.1 状态管理一般要求

内容说明：设备状态管理是以强化现有基础数据管理，采用各类手段开展设备状态评价，掌握设备发生故障之前的异常征兆与劣化信息，事前采取针对性措施控制，防止故障发生。

技术标准：《配电网运维规程》（Q/GDW 1519—2014）第 10 章；《配网设备状态评价导则》（Q/GDW 645—2011）；《配网设备状态检修试验规程》（Q/GDW 643—2011）。

管理规定：《国家电网公司电网设备状态检修管理规定》[国网（运检/3）298—2014]第 3 章；《国家电网公司配网运维管理规定》[国网（运检/4）306—2014]第 8 章。

5.6.2 设备状态信息手段

5.6.2.1 信息化

内容说明：状态信息的保存方式应遵循优先选择生产管理信息系统，其次选择电子文档，最后选择纸质文档的原则，不断提升状态信息的信息化程度。

技术标准：《配网设备状态评价导则》（Q/GDW 645—2011）；《配网设备状态检修试验规程》（Q/GDW 643—2011）。

管理规定：《国家电网公司电网设备状态检修管理规定》[国网（运检/3）

298—2014]第 3 章；《国家电网公司配网运维管理规定》[国网（运检/4）306—2014]第 8 章。

5.6.2.2 带电检测

内容说明：采用现有的红外热成像仪、超声波检测仪、局部放电检测仪对配电网线路及设备进行检测，判断运行中的带电设备的质量状况和缺陷等级，从而采取有效的防范和治理措施。

技术标准：同 5.3.2.1。

管理规定：《国家电网公司电网设备状态检修管理规定》[国网（运检/3）298—2014]第 3 章；《国家电网公司配网运维管理规定》[国网（运检/4）306—2014]第 8 章。

5.6.2.3 停电试验

内容说明：对配电网设备进行电力试验，判断设备质量状况和缺陷隐患。

技术标准：同 5.3.2.1。

管理规定：《国家电网公司电网设备状态检修管理规定》[国网（运检/3）298—2014]第 3 章。

5.6.2.4 机器巡检

内容说明：采用无人机、智能化机器人等先进设备对配电线路及设备进行巡检。

技术标准：同 5.3.2.1。

管理规定：《国家电网公司电网设备状态检修管理规定》[国网（运检/3）298—2014]第 3 章。

5.6.3 设备信息类别

5.6.3.1 投运前信息

内容说明：投运前信息主要包括设备台账、招标技术规范、出厂试验报告、型式试验报告、入网专业检测报告、交接试验报告、安装验收记录、新（扩/改）建工程图纸、竣工资料等纸质和电子版资料，以及自动化终端、通信设备运维软件，使用说明。

技术标准：同 5.3。

管理规定：同 5.6.2.1。

5.6.3.2 运行信息

内容说明：运行信息主要包括设备巡视、维护、缺陷、故障信息、在线监测和带电检测数据，以及不良工况信息等。

技术标准：同 5.6.3.1。

管理规定：同 5.6.2.1。

5.6.3.3 检修试验信息

内容说明：检修试验信息主要包括诊断性试验报告、巡检记录、消缺记录及检修报告等。

技术标准：同 5.6.3.1。

管理规定：《国家电网公司电网设备状态检修管理规定》[国网（运检/3）298—2014] 第 3 章；《国家电网公司配网运维管理规定》[国网（运检/4）306—2014] 第 8 章；《冀北电力有限公司 10kV 配电网运维与检修工作规范（试行）的通知》第 39 条。

5.6.3.4 家族缺陷信息

内容说明：家族缺陷信息指经公司或省公司认定的同厂家、同型号、同批次设备（含主要元器件）由于设计、材质、工艺等共性因素导致缺陷的信息。

技术标准：同 5.6.3.1。

管理规定：同 5.6.3.3。

5.6.4 设备状态评价

5.6.4.1 评价内容

内容说明：设备状态评价是配电网运行工作的重要内容，状态评价的设备范围包括架空线路、电缆线路、柱上开关设备、配电变压器、开关柜等。

技术标准：同 5.6.3.1。

管理规定：《国家电网公司电网设备状态检修管理规定》[国网（运检/3）298—2014] 第 4 章；《国家电网公司配网运维管理规定》[国网（运检/4）306—2014] 第 8 章。

5.6.4.2 设备状态量评价原则

内容说明：合理确定本地区的评价扣分值、各部件权重等评价指标，但同一网省公司内部应统一。设备状态量的评价应基于运行数据综合判断。

技术标准：同 5.6.3.1。

管理规定：同 5.6.4.1。

5.6.4.3 评价周期

内容说明：状态评价包括定期评价和动态评价，定期评价特别重要设备 1 年

1次，重要设备2年1次，一般设备3年1次；设备动态评价应根据设备状况、运行工况、环境条件等因素适时开展。

技术标准：同5.6.3.1。

管理规定：《国家电网公司电网设备状态检修管理规定》[国网（运检/3）298—2014]第4章；《国家电网公司配网运维管理规定》[国网（运检/4）306—2014]第8章；《冀北电力有限公司10kV配电网运维与检修工作规范（试行）的通知》第39条。

5.6.4.4 设备定级与状态巡视

内容说明：根据设备状态评价的结果进行设备定级，根据设备定级情况动态调整该设备的定期巡视内容和周期，对于架空线路通道、电缆线路通道的巡视周期不得延长。

技术标准：同5.6.3.1。

管理规定：同5.6.4.1。

5.7 缺陷隐患管理

5.7.1 职责分工

内容说明：各级部门缺陷发现、建档、上报、处理、验收等全过程的闭环管理和检查考核等工作职责。

管理规定：《国家电网公司电网设备缺陷管理规定》[国网（运检/3）297—2014]第2章。

5.7.2 管理流程

5.7.2.1 配电网缺陷管理流程

内容说明：缺陷处理过程应实行闭环管理，主要流程包括运行发现、上报管理部门、安排检修计划、检修消缺、运行验收，采用信息化系统管理的，也应按该流程在系统内流转。

管理规定：《国家电网公司电网设备缺陷管理规定》[国网（运检/3）297—2014]第3章。

5.7.2.2 家族缺陷管理流程

内容说明：家族缺陷管理流程分为信息收集、分析认定、审核发布、排查治理四个阶段。

管理规定：同 5.7.2.1。

5.7.3 缺陷管理要求

5.7.3.1 危急缺陷

内容说明：一经发现应迅速向班组长、主管领导报告，对危及设备和人身安全的缺陷，应立即采取可行的隔离措施，在保证自身安全的前提下留守现场直到抢修人员到达。危急缺陷应在 24h 内消除或采取必要的安全技术措施进行临时处理。

技术标准：《配电网运维规程》（Q/GDW 1519—2014）第 11 章。

管理规定：《国家电网公司配网运维管理规定》[国网（运检/4）306—2014]第 9 章；《国家电网公司电网设备缺陷管理规定》[国网（运检/3）297—2014]第 3 章。

5.7.3.2 严重缺陷

内容说明：巡视人员应在 1 个工作日内将缺陷信息登录 PMS 系统提交班组长审核，并立即通知班组长，班组长应立即对缺陷进行审核并向上级单位汇报，在30 天内采取措施安排处理消除，防止事故发生，消除前应加强监视。

技术标准：同 5.7.3.1。

管理规定：同 5.7.3.1。

5.7.3.3 一般缺陷

内容说明：巡视人员应在 3 个工作日内将缺陷信息登录 PMS 系统提交班组长审核，班组长审核后提交上级单位审核，经评价定性后纳入消缺计划。不需要停电处理的一般缺陷应在 3 个月内消除。

技术标准：同 5.7.3.1。

管理规定：同 5.7.3.1。

5.7.4 缺陷发现

内容说明：认真开展设备监控、巡检、操作、例行试验、诊断性试验、状态监测、检修、验收、各类检查等工作，及时发现设备缺陷。

技术标准：同 5.7.3.1。

管理规定：《国家电网公司电网设备缺陷管理规定》[国网（运检/3）297—2014]第 4 章。

5.7.5 缺陷建档及上报

内容说明：运检班组负责及时参照缺陷定性标准进行定性和状态评价，72h 内将缺陷信息按要求录入生产管理信息系统，启动缺陷管理流程。

技术标准：同 5.7.3.1。

管理规定：《国家电网公司电网设备缺陷管理规定》［国网（运检/3）297—2014］第 5 章。

5.7.6 缺陷判定标准

内容说明：设备缺陷按其对人身、设备、电网的危害或影响程度，划分为一般、严重和危急三个等级。

技术标准：《带电设备红外诊断应用规范》（DL/T 664—2016）；《配电网运维规程》（Q/GDW 1519—2014）第 11 章；《配网设备状态评价导则》（国家电网〔2011〕1004 号）；《配电网设备缺陷分类标准》（Q/GDW 745—2012）。

管理规定：《国家电网公司电网设备缺陷管理规定》［国网（运检/3）297—2014］第 5 章。

5.7.7 缺陷分析

内容说明：运维单位应定期开展缺陷的统计、分析和报送工作，及时掌握缺陷消除情况和产生原因，并采取针对性措施。

管理规定：《国家电网公司配网运维管理规定》［国网（运检/4）306—2014］第 9 章；《配电网运维规程》（Q/GDW 1519—2014）第 12 章。

5.7.8 缺陷处理

5.7.8.1 时限要求

内容说明：危急缺陷处理时限不超过 24h；严重缺陷处理时限不超过一个月；需停电处理的一般缺陷处理时限不超过一个例行试验检修周期，可不停电处理的一般缺陷处理时限原则上不超过三个月。

技术标准：《配电网运维规程》（Q/GDW 1519—2014）第 11 章；《配网设备状态检修导则》（Q/GDW 644—2011）。

管理规定：《国家电网公司配网运维管理规定》［国网（运检/4）306—2014］第 9 章；《国家电网公司电网设备缺陷管理规定》［国网（运检/3）297—2014］

第 6 章。

5.7.8.2 消除前预控措施

内容说明：缺陷未消除前，根据缺陷情况，相关部门和单位组织进行综合分析判断后，应制定必要的预控措施和应急预案。

技术标准：《配电网运维规程》（Q/GDW 1519—2014）第 11 章。

管理规定：《国家电网公司电网设备缺陷管理规定》[国网（运检/3）297—2014]第 6 章；《国家电网公司配网运维管理规定》[国网（运检/4）306—2014]第 9 章。

5.7.8.3 新建投产一年内发生的缺陷处理

内容说明：由运检部门会同建设单位（或部门）进行消缺。若建设单位（或部门）难以组织在规定时限内完成缺陷处理，也应确定消缺方案，明确消缺时限，报本单位主管领导审核批准；若在本单位内部不能解决时，应报上一级主管部门审核批准。

技术标准：同 5.7.8.2。

管理规定：《国家电网公司电网设备缺陷管理规定》[国网（运检/3）297—2014]第 6 章。

5.7.9 消缺验收

内容说明：第 34 条启动验收流程，验收合格后，运检班组将处理情况和验收意见录入到生产管理信息系统，并开展设备状态评价，修订设备检修决策，完成缺陷处理流程的闭环管理。

技术标准：同 5.7.8.2。

管理规定：《国家电网公司电网设备缺陷管理规定》[国网（运检/3）297—2014]第 7 章。

5.7.10 家族缺陷

5.7.10.1 家族缺陷定义

内容说明：经确认由于制造厂设计、材质、工艺等同一共性因素导致的设备缺陷或隐患称为家族缺陷，分为重大和一般两级。

管理规定：《关于印发〈冀北电力有限公司电网设备家族缺陷管理办法〉的通知》（冀北电运检〔2012〕76 号）；《国家电网公司电网设备缺陷管理规定》[国网（运检/3）297—2014]第 8 章。

5.7.10.2　家族缺陷的管理要求

内容说明：家族缺陷管理流程分为信息收集、分析认定、审核发布、排查治理四个阶段。

管理规定：同 5.7.10.1。

5.7.11　检查考核

5.7.11.1　考核时限

内容说明：公司每季度对所属各单位缺陷管理情况进行统计分析，最终检查结果将纳入年度生产绩效考核中。

管理规定：《国家电网公司电网设备缺陷管理规定》［国网（运检/3）297—2014］第 9 章。

5.7.11.2　考核内容

内容说明：缺陷管理检查考核内容包括缺陷发现率、缺陷发现指数、消缺率、消缺及时率、缺陷定性的准确性、缺陷记录的规范性、缺陷流程的执行情况等内容。

管理规定：同 5.7.11.1。

5.7.12　隐患管理

5.7.12.1　安全隐患定义

内容说明：安全隐患是指超出消缺周期仍未消除的设备危急缺陷和严重缺陷。

管理规定：《国家电网公司配网运维管理规定》［国网（运检/4）306—2014］第 10 章。

5.7.12.2　隐患管理

内容说明：被判定为安全隐患的设备缺陷，应继续按照设备缺陷管理规定进行处理，同时纳入安全隐患管理流程。

技术标准：同 5.7.12.1。

管理规定：同 5.7.11.1。

5.7.12.3　隐患排查

内容说明：运维单位应按公司设备部配电网设备隐患排查相关要求，推进配电网隐患排查治理工作常态化。

技术标准：同 5.7.12.1。

管理规定：同 5.7.11.1。

5.8 专 项 管 理

5.8.1 防雷

内容说明：加强配电网防雷运行管理，强化雷击故障调查分析，采取综合防雷措施进行差异化防雷治理。

技术标准：《配电网架空绝缘线路雷击断线防护导则》（Q/GDW 1813—2013）；《国网冀北电力有限公司 10 千伏架空绝缘导线使用及防雷治理指导意见》（冀运检〔2016〕37 号）。

管理规定：《国家电网公司配网运维管理规定》〔国网（运检/4）306—2014〕第 11 章。

5.8.2 防外力破坏

内容说明：运维单位应积极开展配电网防护宣传，按季节性、地域性特点有针对性地开展配电网防外力破坏工作。

管理规定：《国家电网公司配网运维管理规定》〔国网（运检/4）306—2014〕；《国家电网公司电力设施保护管理规定》（国家电网企管〔2014〕752 号）。

5.8.3 防鸟害

内容说明：运维单位应在鸟害多发区线路及时安装防鸟装置，可综合考虑设备现状，落实绝缘化措施。

管理规定：《国家电网公司配网运维管理规定》〔国网（运检/4）306—2014〕第 11 章。

5.8.4 防小动物

内容说明：开关站、环网室、环网箱、配电室、箱式变电站应有完备的防小动物措施。

技术标准：同 5.8.3。

管理规定：同 5.8.3。

5.8.5 防凝露

内容说明：运维单位应完善配电站房设备设施的防凝露措施，从设备选型、辅助设施应用、日常巡视等方面加强管控，防止发生设备故障。

管理规定：同 5.8.3。

5.8.6 防电缆火灾

内容说明：加强各项电缆防火措施，对重要或高风险电缆通道应配置火灾报警与主动消防设备。

技术标准：《电力电缆及通道运维规程》（Q/GDW 1512—2014）第 8.3 条。

管理规定：《国家电网公司配网运维管理规定》［国网（运检/4）306—2014］第 11 章；《国家电网公司电网设备消防管理规定》［国网（运检/2）295—2014］；《国家电网公司电缆及通道运维管理规定》［国网（运检/4）307—2014］；《国家电网公司电力设施保护管理规定》（国家电网企管〔2014〕752 号）第 6 章。

5.8.7 防架空线路山火

内容说明：加强线路规划设计审查，通道应尽量避让森林草原火灾多发区，确实无法避让时，应采用高跨等差异化设计。新建森林草原区域配电线路投运前应完成树障清理，并落实防雷、防风、防汛和故障快速隔离措施。

管理规定：《国家电网公司配网运维管理规定》［国网（运检/4）306—2014］第 11 章；《国家电网公司电力设施保护管理规定》（国家电网企管〔2014〕752 号）；《国家电网有限公司关于开展森林草原输配电线路火灾隐患排查治理专项行动的通知》（国家电网安监〔2020〕254 号）。

5.9 标 准 化 作 业 管 理

5.9.1 职责分工

内容说明：国网冀北电力有限公司相关部门、地市公司相关部门职责分工。

管理规定：《冀北电力有限公司配电标准化作业管理办法》（冀北电运检〔2012〕68 号）第 2 章。

5.9.2　管理内容及要求

内容说明：根据"规范作业，统一流程，有效衔接，持续完善"的工作要求，以确保人身、配电网、设备安全为目标，以配电标准化作业执行流程为基础，以过程管控为核心，以监督考核为手段，通过深入推进配电标准化作业工作，实现配电作业规范化和标准化。

管理规定：《冀北电力有限公司配电标准化作业管理办法》（冀北电运检〔2012〕68 号）第 3 章。

5.9.3　评价与考核

内容说明：应建立健全持续改进的标准化作业监督考核机制，及时掌握执行过程中存在的问题，确保配电标准化作业工作深入有效开展。

管理规定：《冀北电力有限公司配电标准化作业管理办法》（冀北电运检〔2012〕68 号）第 4 章。

5.10　运 行 分 析 管 理

5.10.1　一般要求

5.10.1.1　制定运维措施

内容说明：根据配电网管理工作、运行情况、巡视结果、状态评价等信息，对配电网的运行情况进行分析、归纳、提炼和总结，并根据分析结果，制定解决措施，提高运行管理水平。

技术标准：《配电网运维规程》（Q/GDW 1519—2014）第 13 章。

管理规定：《国家电网公司配网运维管理规定》[国网（运检/4）306—2014] 第 14 章。

5.10.1.2　提出意见

内容说明：对配电网建设、检修和运行等提出建设性意见。

技术标准：同 5.10.1.1。

管理规定：同 5.10.1.1。

5.10.1.3　分析周期

内容说明：配电网运行分析周期为地市公司每季度一次、运维单位每月一次。

技术标准：同 5.10.1.1。

管理规定：同 5.10.1.1。

5.10.2 运行分析内容

5.10.2.1 运行管理分析

内容说明：应对管理制度是否落实到位、管理是否存在薄弱环节、管理方式是否合理等问题进行分析。

技术标准：同 5.10.1.1。

管理规定：同 5.10.1.1。

5.10.2.2 配电网概况及运行指标分析

内容说明：应对当前配电网基础数据和配电网主要指标进行分析，如供电可靠性、电压合格率、线路负荷情况、缺陷处理指数、故障停运率、超过载配电变压器比率等。

技术标准：同 5.10.1.1。

管理规定：同 5.10.1.1。

5.10.2.3 巡视维护分析

内容说明：应对配电网巡视维护工作进行分析，包括计划执行情况、发现处理的问题等。

技术标准：同 5.10.1.1。

管理规定：同 5.10.1.1。

5.10.2.4 试验（测试）分析

内容说明：应对通过配电自动化监测、智能配电变压器监测、红外测温、开关柜局部放电试验、电缆振荡波试验等手段收集的设备信息进行分析。

技术标准：同 5.10.1.1。

管理规定：同 5.10.1.1。

5.10.2.5 缺陷与隐患分析

内容说明：应对缺陷与隐患管理存在的问题和已发现缺陷与隐患的处理情况进行统计和分析，及时掌握缺陷与隐患的处理情况和产生的原因。

技术标准：同 5.10.1.1。

管理规定：同 5.10.1.1。

5.10.2.6 故障处理分析

内容说明：应从责任原因、技术原因两个角度对故障及处理情况进行汇总和分析，并根据分析结果，制定相应措施。

技术标准：同 5.10.1.1。

管理规定：同 5.10.1.1。

5.10.2.7　电压与无功分析

内容说明：应对电压与无功管理工作情况、电压合格率、配电变压器功率因数等进行分析。

技术标准：同 5.10.1.1。

管理规定：同 5.10.1.1。

5.10.2.8　负荷分析

内容说明：应对区域负荷预测、线路与配电变压器负荷情况、重载线路与配电变压器处理情况等进行分析。

技术标准：同 5.10.1.1。

管理规定：同 5.10.1.1。

5.11　保 供 电 管 理

5.11.1　供电保障总则

5.11.1.1　电网设备供电保障运维管理内容

内容说明：为了确保具有重大影响和特定规模的政治、经济、科技、文化、体育等活动期间电力安全供应，有针对性开展的输电、变电、配电设备运维工作。

管理规定：《国家电网公司电网设备供电保障运维管理规定》[国网（运检/4）315—2014]第 1 章。

5.11.1.2　设备供电保障运维工作原则

内容说明：应当遵循"提前部署、规范管理、各负其责、相互协作"的工作原则。

管理规定：同 5.11.1.1。

5.11.1.3　保密制度

内容说明：电网设备供电保障运维工作应严格执行保密制度，防止涉密资料和敏感信息外泄，并按要求做好存档和销毁工作。

管理规定：同 5.11.1.1。

5.11.2　职责分工

内容说明：国网运检部负责电网设备供电保障运维工作的总体监督管理；各省（自治区、直辖市）电力公司运检部负责所承担重要活动电网设备供电保障运维工作的监督管理和组织协调；地（市）公司、县公司运检部是电网设备供电保障运维工作的责任和实施主体。

管理规定：《国家电网公司电网设备供电保障运维管理规定》[国网（运检/4）315—2014] 第 2 章。

5.11.3　供电保障准备

5.11.3.1　建立组织机构

内容说明：建立健全电网设备供电保障运维工作组织机构，加强组织领导，明确工作职责。

管理规定：《国家电网公司电网设备供电保障运维管理规定》[国网（运检/4）315—2014] 第 3 章。

5.11.3.2　制订工作方案

内容说明：电网设备供电保障运维工作方案包括工作目标、组织机构、工作职责、分阶段重点工作、工作完成时限、监督检查等内容。

管理规定：同 5.11.3.1。

5.11.3.3　状态评价

内容说明：对供电保障范围内重要电网设备开展状态评价和专项评估，排查安全隐患，对可能影响供电保障的隐患，应提出风险控制措施和整改方案，并限期完成整改。

管理规定：同 5.11.3.1。

5.11.3.4　制定人防、物防和技防措施

内容说明：组织制定供电保障范围内重要设备、关键部位和盗窃、破坏多发地区电力设施的人防、物防和技防措施，对电力设施实施分级保卫。

管理规定：同 5.11.3.1。

5.11.3.5　检修安排

内容说明：合理安排检修计划，原则上供电保障期间不安排供电保障范围内电网设备的检修工作。

管理规定：同 5.11.3.1。

5.11.3.6　应急抢修

内容说明：组织制订设备应急抢修方案，组织开展相关培训、演练，同时做好抢修队伍、抢修装备和备品备件的准备工作。

管理规定：同 5.11.3.1。

5.11.4　供电保障实施

5.11.4.1　保电值班

内容说明：加强供电保障期间值班工作，各级运检部门领导或有关管理人员值班，确保通信畅通。

管理规定：《国家电网公司电网设备供电保障运维管理规定》［国网（运检/4）315—2014］第 4 章。

5.11.4.2　看护特巡

内容说明：根据供电保障时段安排和电网设备对重要活动安全供电的影响程度，加强供电保障范围内重要电网设备的看护或特巡。

管理规定：同 5.11.4.1。

5.11.4.3　信息报送

内容说明：加强对供电保障期间电网设备危急缺陷、强迫停运等事件的信息管理，按要求逐级报告。

管理规定：同 5.11.4.1。

5.11.4.4　发电车管理

内容说明：做好发电机、发电车等应急电源的准备工作，确保随时可调、可用状态。

管理规定：同 5.11.4.1。

5.11.4.5　工作总结

内容说明：及时总结经验、查找问题、落实整改，按时报送工作总结。

管理规定：同 5.11.4.1。

5.11.5　检查考核

5.11.5.1　考核机制

内容说明：建立健全重要活动电网设备供电保障运维工作评价考核机制。

管理规定：《国家电网公司电网设备供电保障运维管理规定》［国网（运检/4）315—2014］第 5 章。

5.11.5.2　工作表彰

内容说明：应对电网设备供电保障运维工作表现突出的单位和个人予以表彰；对履行职责不当影响供电保障、造成严重后果的单位和个人，依据有关规定追究责任。

管理规定：同 5.11.5.1。

5.12　设备退役、档案资料管理

5.12.1　一般要求

5.12.1.1　退役申请

内容说明：运维单位应根据生产计划及设备故障情况提出配电网设备退役申请。

技术标准：《配电网运维规程》（Q/GDW 1519—2014）第 14 章。

管理规定：《国家电网公司配网运维管理规定实物资产管理规定》[国网（运检/3）916—2018] 第 2 章；《国家电网公司配网运维管理规定》[国网（运检/4）306—2014] 第 16 章。

5.12.1.2　技术鉴定

内容说明：退役设备应进行技术鉴定，出具技术鉴定报告，明确退役设备处置方式。退役设备处置方式包括再利用和报废。

技术标准：同 5.12.1.1。

管理规定：《国家电网公司配网运维管理规定实物资产管理规定》[国网（运检/3）916—2018] 第 2 章。

5.12.1.3　再利用

内容说明：再利用设备应提供设备退出运行前的运行、检修、试验等资料和退出运行后检修、试验资料，检修、试验按照《配网设备状态检修试验规程》（Q/GDW 643—2011）执行。再利用设备主要包括配电变压器、开关柜、配电柜和开关，设备再利用成本高、拆装中易损伤设备以报废为主。

技术标准：同 5.12.1.1。

管理规定：《国家电网公司配网运维管理规定实物资产管理规定》[国网（运检/3）916—2018] 第 2 章；《国家电网公司配网运维管理规定》[国网（运检/4）306—2014] 第 16 章。

5.12.2　设备处置原则

5.12.2.1　配电变压器

内容说明：高损耗、高噪声、抗短路能力不足、存在家族性缺陷不满足反事故措施要求、本体存在缺陷、发生过严重故障、绝缘老化严重、渗漏油严重等，无零配件供应，无法修复或修复成本过大的配电变压器。

技术标准：同 5.12.1.1。

管理规定：《国家电网公司配网运维管理规定》[国网（运检/4）306—2014]第 16 章。

5.12.2.2　开关柜、配电柜处置

内容说明：腐蚀或变形严重，影响机械、电气性能；因型号不同，柜体差别较大，兼容性差；因设计原因存在严重缺陷，无零配件供应。

技术标准：同 5.12.1.1。

管理规定：同 5.12.2.1。

5.12.2.3　开关设备处置

内容说明：充油开关；腐蚀严重，机械、电气性能达不到设计要求。存在家族性缺陷不满足反事故措施要求、本体存在缺陷、发生过严重故障、绝缘老化严重等，无零配件供应，无法修复或修复成本过大。

技术标准：同 5.12.1.1。

管理规定：同 5.12.2.1。

5.13　故　障　处　理

5.13.1　一般要求

5.13.1.1　故障处理原则

内容说明：故障处理应遵循保人身、保电网、保设备的原则，尽快查明故障地点和原因，消除故障根源，防止故障的扩大，及时恢复用户供电。

技术标准：《配电网运维规程》（Q/GDW 1519—2014）第 12 章。

5.13.1.2　故障处理前

内容说明：应采取措施防止行人接近故障线路和设备，避免发生人身伤亡事故。

技术标准：同 5.13.1.1。

5.13.1.3　故障处理时

内容说明：应尽量缩小故障停电范围和减少故障损失。

技术标准：同 5.13.1.1。

5.13.1.4　多故障处理

内容说明：先主干线后分支线，先公用变压器后专用变压器。

技术标准：同 5.13.1.1。

5.13.1.5　故障停电用户恢复供电顺序

内容说明：先重要用户后一般用户，优先恢复带一、二级负荷的用户供电。

技术标准：同 5.13.1.1。

5.13.1.6　配电自动化应用

内容说明：利用配电自动化系统加快故障研判查找和处理。

技术标准：同 5.13.1.1。

5.13.2　故障处理方法

内容说明：针对各种故障类型落实相对应的故障处理要求。

技术标准：同 5.13.1.1。

5.13.3　故障统计与分析

5.13.3.1　分析内容

内容说明：故障情况、故障基本信息、原因分析、暴露出的问题。

技术标准：同 5.13.1.1。

5.13.3.2　应急反应

内容说明：制订事故应急预案，配备足够的抢修工器具，储备合理数量的备品备件，事后及时补充。

技术标准：同 5.13.1.1。

5.14　检　修　管　理

5.14.1　管理内容

内容说明：配电网检修管理是指对 10（20）kV 及以下配电网设备检修管理工作。主要包括基本原则、职责分工、信息收集、状态评价、检修策略、检修计划、检修实施、不停电作业、技术监督、档案资料、人员培训、检查考核等内容。

管理规定：《国家电网公司配网检修管理规定》[国网（运检/4）311—2014]第 1 章；《配电网运维与检修管理标准》（国网运检〔2012〕770 号）第 4 章。

5.14.2　职责分工

各级运检部为配电网设备检修管理工作的归口管理部门。运检单位负责组织配电网设备检修的实施。配电网运检班组、乡（镇）供电所、市郊供电所负责配电网设备检修工作的具体实施。

管理规定：《国家电网公司配网检修管理规定》[国网（运检/4）311—2014]第 2 章；《配电网运维与检修管理标准》（国家电网运检〔2012〕770 号）第 4 章。

5.14.3　信息收集

5.14.3.1　信息类别

内容说明：设备信息包括投运前信息、运行信息、检修试验信息、家族缺陷信息等。

技术标准：《配网设备状态评价导则》（Q/GDW 645—2011）；《配网设备状态检修试验规程》（Q/GDW 643—2011）。

管理规定：《国家电网公司配网检修管理规定》[国网（运检/4）311—2014]第 3 章。

5.14.3.2　设备信息分类

内容说明：设备信息收集包括架空线路、柱上开关、柱上隔离开关、跌落式熔断器、高压计量箱、配电变压器、开关柜、电缆线路（含架空线路上的电缆）、电缆分支箱、构筑物及外壳 10 类设备的状态量信息。

技术标准：《配网设备状态评价导则》（Q/GDW 645—2011）；《配网设备状态检修试验规程》（Q/GDW 643—2011）。

管理规定：同 5.14.3.1。

5.14.4　状态评价

内容说明：采取巡检、停电试验、带电检测、在线监测等技术手段，获取设备状态信息，应用状态检修辅助决策系统开展设备状态评价。

技术标准：《配网设备状态评价导则》（Q/GDW 645—2011）；《配网设备状态检修试验规程》（Q/GDW 643—2011）。

管理规定：《国家电网公司配网检修管理规定》［国网（运检/4）311—2014］第 4 章。

5.14.5　检修策略

5.14.5.1　基本要求

内容说明：依据设备状态评价结果，明确检修类别和检修内容。综合考虑资金、检修力量、电网运行方式、供电可靠性、基本建设等情况，按照设备检修的必要性和紧迫性，科学确定检修时间，制定设备检修策略。

技术标准：《配网设备状态检修导则》（Q/GDW 644—2011）；《配网设备状态检修试验规程》（Q/GDW 643—2011）；《配电网运维与检修工作标准》（国家电网运检〔2012〕770 号）第 4 章。

管理规定：《国家电网公司配网检修管理规定》［国网（运检/4）311—2014］第 5 章；《配电网运维与检修管理标准》（国家电网运检〔2012〕770 号）第 4 章。

5.14.5.2　检修类别

内容说明：设备检修分 A 类检修（整体性检修）、B 类检修（局部性检修）、C 类检修（一般性检修）、D 类检修（维护性检修和巡检）和 E 类检修（不停电检修）。

技术标准：同 5.14.5.1。

管理规定：同 5.14.5.1。

5.14.6　检修周期

5.14.6.1　正常状态

内容说明：正常状态设备的停电检修按 C 类检修项目执行，原则上特别重要设备 6 年 1 次，重要设备 10 年 1 次。满足《配网设备状态检修试验规程》（DL/T 1753—2017）第 4.5.1 条中延长试验时间条件的设备可推迟 1 个年度进行检修。

技术标准：《配网设备状态检修导则》（Q/GDW 644—2011）；《配网设备状态检修试验规程》（Q/GDW 643—2011）。

管理规定：《国家电网公司配网检修管理规定》［国网（运检/4）311—2014］第 5 章。

5.14.6.2　注意状态

内容说明：注意状态设备的停电检修按《配网设备状态检修导则》（Q/GDW 644—2011）中附录 A 执行，试验项目按《配网设备状态检修试验规程》（DL/T 1753—2017）例行试验项目执行，必要时，增做部分诊断性试验项目。C 类检修宜按基准周期适当提前安排。

技术标准：同 5.14.6.1。

管理规定：同 5.14.6.1。

5.14.6.3 异常状态

内容说明：异常状态设备的停电检修应根据具体情况及时安排，并按《配网设备状态检修导则》（Q/GDW 644—2011）中附录 A 执行。试验项目按《配网设备状态检修试验规程》（DL/T 1753—2017）例行试验项目执行，并根据异常的程度增做诊断性试验项目，必要时进行设备更换。

技术标准：同 5.14.6.1。

管理规定：同 5.14.6.1。

5.14.6.4 严重状态

内容说明：严重状态设备的停电检修应根据具体情况限时，必要时立即安排，并按《配网设备状态检修导则》（Q/GDW 644—2011）中附录 A 执行。试验项目按《配网设备状态检修试验规程》（DL/T 1753—2017）例行试验项目执行，并应根据异常的程度增做诊断性试验项目，必要时进行设备更换。

技术标准：同 5.14.6.1。

管理规定：同 5.14.6.1。

5.14.6.5 陪停设备

内容说明：同一停电范围内某个设备需停电检修时，相应设备宜同时安排停电检修；因故提前检修且需相应配电网设备陪停时，如检修时间提前不超过 2 年宜同时安排检修。

技术标准：同 5.14.6.1。

管理规定：同 5.14.6.1。

5.14.6.6 家族缺陷设备

内容说明：设备确认有家族缺陷时，应安排普查或进行诊断性试验。对于未消除家族缺陷的设备应根据评价结果重新修正检修周期。

技术标准：同 5.14.6.1。

管理规定：同 5.14.6.1。

5.14.6.7 巡检周期

内容说明：对注意状态的设备适当缩短巡检周期，及时做好跟踪分析工作。

技术标准：同 5.14.6.1。

管理规定：同 5.14.6.1。

5.14.7 检修计划

5.14.7.1 计划类别

内容说明：检修计划主要分为年度综合检修计划、月度检修计划、周检修计划和临时检修计划。

管理规定：《国家电网公司配网检修管理规定》[国网（运检/4）311—2014]第 6 章；《配电网运维与检修管理标准》（国家电网运检〔2012〕770 号）第 4 章。

5.14.7.2 年度综合计划

内容说明：年度综合检修计划应根据状态检修年度计划和省公司批复的配电网大修计划，结合反事故措施、基建、市政、技改工程等停电时间的要求编制。地市供电企业、县供电企业运检部 9 月 30 日前完成年度综合检修计划编制。

技术标准：《配电网运维与检修管理标准》（国家电网运检〔2012〕770 号）第 4 章。

管理规定：《国家电网公司配网检修管理规定》[国网（运检/4）311—2014]第 6 章。

5.14.7.3 月度计划

内容说明：月度检修计划应根据年度综合计划和设备消缺工作要求编制，经本单位分管领导批准后实施。

技术标准：同 5.14.7.2。

管理规定：同 5.14.7.2。

5.14.7.4 周计划

内容说明：周检修计划应根据月度检修计划和设备消缺工作要求编制，每周四前完成周检修计划编制，经本单位分管领导批准后实施。

技术标准：同 5.14.7.2。

管理规定：同 5.14.7.2。

5.14.7.5 临时计划

内容说明：临时检修计划应根据设备缺陷隐患排查工作要求编制。地市供电企业、县供电企业临时检修计划经本单位分管领导批准后实施。

技术标准：同 5.14.7.2。

管理规定：同 5.14.7.2。

5.14.8 检修实施

5.14.8.1 基本要求

内容说明：检修工作应严格按照年度综合检修计划、月度检修计划和周检修计划组织实施。

技术标准：同 5.14.7.2。

管理规定：《国家电网公司配网检修管理规定》[国网（运检/4）311—2014]第 7 章；《配电网运维与检修管理标准》（国家电网运检〔2012〕770 号）第 4 章。

5.14.8.2 到岗到位

内容说明：严格执行各级管理人员到岗到位管理规定，加强对检修作业现场的指导、监督和协调，强化现场安全风险控制，确保作业质量和人员安全。

技术标准：同 5.14.7.2。

管理规定：《国家电网公司配网检修管理规定》[国网（运检/4）311—2014]第 7 章。

5.14.8.3 施工方案编制

内容说明：地市供电企业检修分公司和县供电企业运检部对危险、复杂和难度较大的检修项目，应编制施工方案，细化组织、技术和安全措施，经本单位分管领导批准后实施。

技术标准：同 5.14.7.2。

管理规定：同 5.14.8.3。

5.14.8.4 现场勘查

内容说明：运检班组在检修作业前应根据检修内容进行现场勘察，重点检查检修作业现场的设备状况、作业环境、危险点、危险源及交叉跨越等，做好勘查记录，确定施工方案。

技术标准：同 5.14.7.2。

管理规定：同 5.14.8.3。

5.14.8.5 标准化作业

内容说明：严格执行现场标准化作业指导书（卡）、施工方案，规范作业流程和作业行为。

技术标准：同 5.14.7.2。

管理规定：同 5.14.8.3。

5.14.8.6 检修工艺

内容说明：严格执行配电网设备检修工艺的要求，对关键工序及质量控制点进行有效控制。

技术标准：同 5.14.7.2。

管理规定：同 5.14.8.3。

5.14.8.7　验收制度

内容说明：严格执行验收制度，对检修作业的安全和质量进行总结评价，检修结果和检修记录应及时录入运检管理系统。

技术标准：同5.14.7.2。

管理规定：同5.14.8.3。

5.14.8.8　工作总结

内容说明：地市供电企业运检部、运检单位应做好检修工作总结，分析存在问题及原因，提出改进措施。

技术标准：同5.14.7.2。

管理规定：同5.14.8.3。

5.14.9　技术监督

5.14.9.1　基本要求

内容说明：强化设备安装调试、交接验收、运行检（监）测、检修试验、故障处理、更新改造等环节的技术监督工作。

技术标准：《国家电网公司技术监督管理规定》（国家电网企管〔2017〕401号）第3章。

管理规定：《国家电网公司配网检修管理规定》[国网（运检/4）311—2014]第9章；《国家电网公司技术监督管理规定》（国家电网企管〔2017〕401号）第1章。

5.14.9.2　隐患排查治理

内容说明：强化设备运行分析，增加设备巡视、检测的频次，及时消除设备隐患和缺陷，并采取有针对性的预防措施。

管理规定：《国家电网公司配网检修管理规定》[国网（运检/4）311—2014]第9章。

5.14.9.3　装备配置

内容说明：强化带电检（监）测装备配置，满足开展例行试验、诊断性试验，以及红外成像等带电检测项目的需要。

管理规定：同5.14.9.2。

5.14.9.4　落实技术措施

内容说明：全面落实设备防外力破坏、防自然灾害、防过载、防过热、防污闪等技术措施。

技术标准：《电力设备带电检测仪器配置原则（试行)》。

管理规定：同 5.14.9.2。

5.14.10　档案资料

5.14.10.1　资料清单

内容说明：档案资料包括工程竣工图、设计变更通知单及工程联系单、原材料和器材出厂质量合格证明和试验记录，工程试验报告、工程检验报告，工程缺陷记录，检修报告，工程质量监督报告，安全、质量事故报告、处理方案、处理结果，工程质量等级评定汇总，相关协议书。

管理规定：《国家电网公司配网检修管理规定》［国网（运检/4）311—2014］第 10 章。

5.14.10.2　资料移交

内容说明：地市供电企业检修分公司、县供电企业运检部在项目验收合格后 3 个月内完成向档案部门移交。

管理规定：同 5.14.10.1。

5.14.10.3　资料保管

内容说明：各级档案部门根据需要做好检修档案的接收、保管和利用工作。

管理规定：同 5.14.10.1。

5.14.11　人员培训

5.14.11.1　上岗要求

内容说明：检修人员应经过上岗培训、考核和履行审批手续方可上岗。因工作调整或其他原因离岗 3 个月以上者，重新履行审批手续。新员工应经培训考试合格后上岗。

管理规定：《国家电网公司配网检修管理规定》［国网（运检/4）311—2014］第 11 章。

5.14.11.2　培训要求

内容说明：培训内容应结合业务和岗位要求，强化状态评价、监测、带电检测技能培训，提高员工带电检（监）测和故障诊断能力。

管理规定：同 5.14.11.1。

6

配电网运检服务管理

6.1 职 责 分 工

6.1.1 省公司职责分工

6.1.1.1 省电力公司营销部

内容说明：省电力公司营销部是本省 95598 业务管理及业务支撑工作的归口管理部门。

管理规定：《国家电网有限公司 95598 客户服务业务管理办法》（国家电网企管〔2019〕907 号）第 2 章第 24 条。

6.1.1.2 省电力公司设备管理部

内容说明：省电力公司设备管理部是本省故障抢修业务及其专业管理范围内其他 95598 业务的归口管理部门。

管理规定：《国家电网有限公司 95598 客户服务业务管理办法》（国家电网企管〔2019〕907 号）第 2 章第 25 条。

6.1.1.3 省电力公司电力调度控制中心

内容说明：省电力公司电力调度控制中心是本省配电网故障抢修指挥和生产类停送电信息报送归口管理部门。

管理规定：《国家电网有限公司 95598 客户服务业务管理办法》（国家电网企管〔2019〕907 号）第 2 章第 26 条。

6.1.1.4 省电力公司营销服务中心

内容说明：省电力公司营销服务中心是本省 95598 业务的执行单位，是 95598 客户服务管理的支撑机构。

管理规定：《国家电网有限公司 95598 客户服务业务管理办法》（国家电网企管〔2019〕907 号）第 2 章第 27 条。

6.1.1.5   省电动汽车服务有限公司

内容说明：省电动汽车服务有限公司是本省 95598 电动汽车充电业务管理及业务支撑归口管理单位。

管理规定：《国家电网有限公司 95598 客户服务业务管理办法》（国家电网企管〔2019〕907 号）第 2 章第 29 条。

6.1.2   地市公司、县（市、区）供电公司职责分工

6.1.2.1   地市公司、县（市、区）供电公司营销部（客服中心）

内容说明：地市公司、县（市、区）供电公司营销部（客服中心）是本单位 95598 业务管理及业务支撑的归口管理部门。

管理规定：《国家电网有限公司 95598 客户服务业务管理办法》（国家电网企管〔2019〕907 号）第 2 章第 30 条。

6.1.2.2   地市公司运维检修部、县（市、区）供电公司运维检修部

内容说明：地市公司运维检修部、县（市、区）供电公司运维检修部是本单位故障抢修业务及其专业管理范围内 95598 业务的处理部门。

管理规定：《国家电网有限公司 95598 客户服务业务管理办法》（国家电网企管〔2019〕907 号）第 2 章第 31 条。

6.1.2.3   地市公司、县（市、区）供电公司电力调度控制中心

内容说明：地市公司、县（市、区）供电公司电力调度控制中心是本单位配电网故障抢修指挥及生产类停送电信息报送业务的归口管理部门。

管理规定：《国家电网有限公司 95598 客户服务业务管理办法》（国家电网企管〔2019〕907 号）第 2 章第 32 条。

6.1.2.4   地市公司供电服务指挥中心

内容说明：地市公司供电服务指挥中心配合本单位运检、营销、调控专业做好 95598 业务运营的相关支撑工作。

管理规定：《国家电网有限公司 95598 客户服务业务管理办法》（国家电网企管〔2019〕907 号）第 2 章第 33 条。

6.1.2.5   省电动汽车公司地市分支机构

内容说明：省电动汽车公司地市分支机构是本单位 95598 电动汽车充电业务的现场处理部门。

管理规定：《国家电网有限公司 95598 客户服务业务管理办法》（国家电网企管〔2019〕907 号）第 2 章第 34 条。

6.2 配电网抢修管理

6.2.1 配电网故障抢修基本要求

内容说明：严格执行公司《供电服务质量标准》《供电客户服务提供标准》《供电服务规范》《供电服务"十项承诺"》《员工服务"十个不准"》《配网故障抢修管理规定》等管理制度和技术标准。

管理规定：《国家电网有限公司 95598 客户服务业务管理办法》（国家电网企管〔2019〕907 号）第 2 章第 11 条。

6.2.2 故障报修定义、类型和分级

6.2.2.1 故障报修定义

内容说明：故障报修业务是指国网客服中心通过 95598 电话、95598 网站、"网上国网" App 等受理的故障停电、电能质量、充电设施故障或存在安全隐患须紧急处理的电力设施故障诉求业务。

管理规定：《国家电网有限公司 95598 客户服务业务管理办法》（国家电网企管〔2019〕907 号）中附件 2《国家电网有限公司 95598 故障报修业务处理规范》第 1 章。

6.2.2.2 故障报修类型

内容说明：故障报修类型分为高压故障、低压故障、电能质量故障、客户内部故障、非电力故障、计量故障、充电设施故障（非运检类）七类。

管理规定：《国家电网有限公司 95598 客户服务业务管理办法》（国家电网企管〔2019〕907 号）中附件 2《国家电网有限公司 95598 故障报修业务处理规范》第 2 章。

6.2.2.3 故障报修分级

内容说明：根据客户报修故障的重要程度、停电影响范围、危害程度等将故障报修业务分为紧急、一般两个等级。

管理规定：《国家电网有限公司 95598 客户服务业务管理办法》（国家电网企管〔2019〕907 号）中附件 2《国家电网有限公司 95598 故障报修业务处理规范》第 3 章。

6.2.3 故障报修运行模式

内容说明：国网客服中心受理客户故障报修业务后，直接派单至地市、县公司配电网抢修指挥相关班组，由配电网抢修指挥相关班组安排开展后续工作。

管理规定：《国家电网有限公司 95598 客户服务业务管理办法》（国家电网企管〔2019〕907 号）中附件 2《国家电网有限公司 95598 故障报修业务处理规范》第 4 章。

6.2.4 故障报修业务流程

6.2.4.1 故障报修受理

内容说明：国网客服中心按照故障报修受理要根据客户的诉求及故障分级标准选择故障报修等级，生成故障报修工单。

管理规定：《国家电网有限公司 95598 客户服务业务管理办法》（国家电网企管〔2019〕907 号）中附件 2《国家电网有限公司 95598 故障报修业务处理规范》第 5 章第 1 节。

6.2.4.2 工单派发

内容说明：国网客服中心准确选择处理单位，派发至下一级接收单位。

管理规定：《国家电网有限公司 95598 客户服务业务管理办法》（国家电网企管〔2019〕907 号）中附件 2《国家电网有限公司 95598 故障报修业务处理规范》第 5 章第 2 节。

6.2.4.3 工单接收

内容说明：地市、县公司相关班组应在国网客服中心下派工单后 3min 内完成接单或退单，接单后应及时对故障报修工单进行故障研判和抢修派单等操作。

管理规定：《国家电网有限公司 95598 客户服务业务管理办法》（国家电网企管〔2019〕907 号）中附件 2《国家电网有限公司 95598 故障报修业务处理规范》第 5 章第 3 节。

6.2.4.4 抢修处理

内容说明：抢修人员接到地市、县公司配电网抢修指挥相关班组派单后，按照要求进行退单或接单开展后续工作。

管理规定：《国家电网有限公司 95598 客户服务业务管理办法》（国家电网企管〔2019〕907 号）中附件 2《国家电网有限公司 95598 故障报修业务处理规范》第 5 章第 4 节。

6.2.4.5 故障报修回访

内容说明：由国网客服中心按照规定进行故障报修的回访工作。

管理规定：《国家电网有限公司 95598 客户服务业务管理办法》（国家电网企管〔2019〕907 号）中附件 2《国家电网有限公司 95598 故障报修业务处理规范》第 5 章第 5 节。

6.2.4.6 工单合并

内容说明：故障报修工单流转的各个环节均可以按照规定进行工单合并，合并后形成主、副工单。

管理规定：《国家电网有限公司 95598 客户服务业务管理办法》（国家电网企管〔2019〕907 号）中附件 2《国家电网有限公司 95598 故障报修业务处理规范》第 5 章第 6 节。

6.2.4.7 工单归档

内容说明：国网客服中心在回访结束后 24h 内完成归档工作。

管理规定：《国家电网有限公司 95598 客户服务业务管理办法》（国家电网企管〔2019〕907 号）中附件 2《国家电网有限公司 95598 故障报修业务处理规范》第 5 章第 7 节。

6.2.4.8 工单回退

内容说明：按照抢修工单回退要求进行退单。

管理规定：《国家电网有限公司 95598 客户服务业务管理办法》（国家电网企管〔2019〕907 号）中附件 2《国家电网有限公司 95598 故障报修业务处理规范》第 5 章第 8 节。

6.2.4.9 工单申诉

内容说明：各单位可对工单超时、回退、回访不满意等影响指标数据的故障报修工单按规定提出申诉。

管理规定：《国家电网有限公司 95598 客户服务业务管理办法》（国家电网企管〔2019〕907 号）中附件 2《国家电网有限公司 95598 故障报修业务处理规范》第 5 章第 9 节。

6.2.5 客户内部故障处理要求

内容说明：抢修人员到达现场后，发现由于电力运行事故导致客户家用电器损坏的，抢修人员应做好相关证据的收集及存档工作，并及时转相关部门处理。

管理规定：《国家电网有限公司 95598 客户服务业务管理办法》（国家电网企

管〔2019〕907 号）中附件 2《国家电网有限公司 95598 故障报修业务处理规范》第 6 章。

6.2.6 配电网抢修备品备件管理

内容说明：按照《国家电网公司配网故障抢修管理规定》进行配电网抢修备品备件管理。

管理规定：《国家电网公司配网故障抢修管理规定》中附件 2《巡检车车载工器具配置表》、附件 3《抢修车车载工器具配置表》。

6.3　95598 停送电信息报送

6.3.1　停送电信息定义

内容说明：95598 停送电信息是指因各类原因致使客户正常用电中断，需及时向国网客服中心报送的信息。

管理规定：《国家电网有限公司 95598 客户服务业务管理办法》（国家电网企管〔2019〕907 号）中附件 5《国家电网有限公司 95598 停送电信息报送规范》，《国家电网公司配网抢修指挥工作管理办法》第 1 章。

6.3.2　停送电信息报送渠道

内容说明：公用变压器及以上的停送电信息，须通过营销业务应用系统（SG186）、供电服务指挥系统或 PMS 系统中"停送电信息管理"功能模块报送。

管理规定：《国家电网有限公司 95598 客户服务业务管理办法》（国家电网企管〔2019〕907 号）中附件 5《国家电网有限公司 95598 停送电信息报送规范》，《国家电网公司配网抢修指挥工作管理办法》第 2 章。

6.3.3　停送电信息报送要求

内容说明：停送电信息报送管理应遵循"全面完整、真实准确、规范及时、分级负责"的原则。

管理规定：《国家电网有限公司 95598 客户服务业务管理办法》（国家电网企管〔2019〕907 号）中附件 5《国家电网有限公司 95598 停送电信息报送规范》，《国家电网公司配网抢修指挥工作管理办法》第 3 章。

6.3.4 停送电信息报送流程

内容说明：地市、县公司调控中心、运检部、营销部，按照专业管理职责，开展生产类停送电信息编译工作并录入系统，各专业对编译、录入的停送电信息准确性负责。配电网抢修指挥相关班组将汇总的生产类停送电信息录入系统上报。

管理规定：《国家电网有限公司 95598 客户服务业务管理办法》（国家电网企管〔2019〕907 号）中附件 5《国家电网有限公司 95598 停送电信息报送规范》，《国家电网公司配网抢修指挥工作管理办法》第 4 章。

6.3.5 生产类停送电信息编译规范

内容说明：地市、县公司调控中心、运检部根据各自设备管辖范围按要求编译生产类停送电信息。

管理规定：《国家电网有限公司 95598 客户服务业务管理办法》（国家电网企管〔2019〕907 号）中附件 5《国家电网有限公司 95598 停送电信息报送规范》，《国家电网公司配网抢修指挥工作管理办法》第 6 章。

6.3.6 停送电信息报送规范

内容说明：按照生产类停送电信息、营销类停送电信息对 3 条 24 点规范进行报送。

管理规定：《国家电网有限公司 95598 客户服务业务管理办法》（国家电网企管〔2019〕907 号）中附件 5《国家电网有限公司 95598 停送电信息报送规范》，《国家电网公司配网抢修指挥工作管理办法》第 7 章。

6.4 投诉事件管理

6.4.1 投诉定义

内容说明：供电服务投诉是指公司经营区域内（含控股、代管营业区）的电力客户，在供电服务、营业业务、停送电、供电质量、电网建设等方面，对由于供电企业责任导致其权益受损表达不满，在法定诉讼时效期限内，要求维护其权益而提出的诉求业务。

管理规定：《国家电网有限公司 95598 客户服务业务管理办法》（国家电网企管

〔2019〕907 号）中附件 1《国家电网有限公司供电服务投诉业务处理规范》第 1 章。

6.4.2　投诉分类

内容说明：客户投诉包括营销类投诉服务投诉、营业投诉及运检类投诉、停送电投诉、供电质量投诉、电网建设投诉五类。

管理规定：《国家电网有限公司 95598 客户服务业务管理办法》（国家电网企管〔2019〕907 号）中附件 1《国家电网有限公司供电服务投诉业务处理规范》第 2 章。

6.4.3　投诉分级

内容说明：根据客户投诉的重要程度及可能造成的影响，将客户投诉分为特殊、重大、重要、一般四个等级。

管理规定：《国家电网有限公司 95598 客户服务业务管理办法》（国家电网企管〔2019〕907 号）中附件 1《国家电网有限公司供电服务投诉业务处理规范》第 3 章。

6.4.4　投诉处理部门

内容说明：按照不同级别按照规定对客户投诉实施分级处理。

管理规定：《国家电网有限公司 95598 客户服务业务管理办法》（国家电网企管〔2019〕907 号）中附件 1《国家电网有限公司供电服务投诉业务处理规范》第 4 章。

6.4.5　投诉受理

内容说明：国网客服中心按照投诉受理规定进行投诉受理。

管理规定：《国家电网有限公司 95598 客户服务业务管理办法》（国家电网企管〔2019〕907 号）中附件 1《国家电网有限公司供电服务投诉业务处理规范》第 5 章。

6.4.6　接单分理

内容说明：各省营销服务中心、国网电动汽车公司、地市、县公司按照投诉接单分理要求进行分理。

管理规定：《国家电网有限公司 95598 客户服务业务管理办法》（国家电网企管

〔2019〕907号）中附件1《国家电网有限公司供电服务投诉业务处理规范》第6章。

6.4.7　投诉处理

内容说明：工单反馈内容应真实、准确、全面，符合法律法规、行业规范、规章制度等相关要求进行处理。

管理规定：《国家电网有限公司95598客户服务业务管理办法》（国家电网企管〔2019〕907号）中附件1《国家电网有限公司供电服务投诉业务处理规范》第7章。

6.4.8　回单审核

内容说明：国网客服中心、省营销服务中心，国网电动汽车公司，地市、县公司逐级对回单质量进行审核。

管理规定：《国家电网有限公司95598客户服务业务管理办法》（国家电网企管〔2019〕907号）中附件1《国家电网有限公司供电服务投诉业务处理规范》第8章。

6.4.9　回访

内容说明：国网客服中心统一对通过审核的95598客户投诉开展回访工作。

管理规定：《国家电网有限公司95598客户服务业务管理办法》（国家电网企管〔2019〕907号）中附件1《国家电网有限公司供电服务投诉业务处理规范》第9章。

6.4.10　客户催办

内容说明：应客户要求，国网客服中心可以对正在处理中的投诉工单进行催办。

管理规定：《国家电网有限公司95598客户服务业务管理办法》（国家电网企管〔2019〕907号）中附件1《国家电网有限公司供电服务投诉业务处理规范》第10章。

6.4.11　投诉属实性认定

内容说明：95598客户投诉的属实性由承办部门根据处理情况如实填报。

管理规定：《国家电网有限公司95598客户服务业务管理办法》（国家电网企管〔2019〕907号）中附件1《国家电网有限公司供电服务投诉业务处理规范》第

11 章。

6.4.12　投诉申诉

内容说明：95598 客户投诉承办部门对业务分类、超时、回访满意度等存在异议时，由各地市公司、国网电动汽车公司发起，以省公司、国网电动汽车公司为单位向国网客服中心提出初次申诉。

管理规定：《国家电网有限公司 95598 客户服务业务管理办法》（国家电网企管〔2019〕907 号）中附件 1《国家电网有限公司供电服务投诉业务处理规范》第12 章。

6.4.13　投诉升级处置

内容说明：供电质量和电网建设类投诉，客户针对同一事件在首次投诉办结后，连续 6 个月内投诉 3 次及以上且属实的，由上一级单位介入调查处理。服务类、营业类、停送电类投诉，客户针对同一事件在首次投诉办结后，连续 2 个月内投诉 3 次及以上且属实的，由上一级单位介入调查处理。

管理规定：《国家电网有限公司 95598 客户服务业务管理办法》（国家电网企管〔2019〕907 号）中附件 1《国家电网有限公司供电服务投诉业务处理规范》第13 章。

6.4.14　证据管理

内容说明：投诉证据包括书面证据、视听资料、媒体公告、短信等，原则上每件投诉证据材料合计存储容量不超过 10MB。

管理规定：《国家电网有限公司 95598 客户服务业务管理办法》（国家电网企管〔2019〕907 号）中附件 1《国家电网有限公司供电服务投诉业务处理规范》第14 章。

6.5　工单驱动业务管理

6.5.1　职责分工

6.5.1.1　运维检修部职责

内容说明：运维检修部是设备管理部门，是工单驱动业务的主管部门，负责工单驱动业务工作管理和考核标准的制定等。

管理规定：《国网设备部关于建设工单驱动业务配网管控模式的指导意见》。

6.5.1.2　供电服务指挥中心职责

内容说明：供电服务指挥中心是工单驱动业务的支撑与派发部门，负责各项业务的工单派发等。

管理规定：《国网设备部关于建设工单驱动业务配网管控模式的指导意见》。

6.5.1.3　各基层设备运维单位

内容说明：各基层设备运维单位是工单驱动业务的执行与反馈单位，负责接收供电服务指挥中心下发的工单。

管理规定：《国网设备部关于建设工单驱动业务配网管控模式的指导意见》。

6.5.2　工单驱动业务目标管理

内容说明：工单驱动业务以供电可靠性为主线，以"信息化驱动、工单化管理"的工作理念，以供电服务指挥系统建设应用为抓手，全面深化"运检决策、供服管控、班所执行"配电网标准化运检工作体系建设，建立以工单驱动业务的配电网运检管理模式，对配电网各项业务进行数字化、透明化、流程化、痕迹化管控。

管理规定：《国网设备部关于建设工单驱动业务配网管控模式的指导意见》。

6.5.3　管理及工作要求

6.5.3.1　工单驱动业务分类

内容说明：主要分为配电网运维、配电网检修、配电网抢修。

管理规定：《国网设备部关于建设工单驱动业务配网管控模式的指导意见》。

6.5.3.2　工作要求

内容说明：主动运维依托供电服务指挥系统，结合迎峰度夏、度冬（煤改电区域供暖）、防汛及重大活动保供电需求，自动生成特殊运维计划和工单，开展设备特巡。基层人员对于巡视发现的问题通过工单及时进行上报，纳入缺陷流程进行闭环处置。供电服务指挥中心对运维工单发起进行管控。

管理规定：《国网设备部关于建设工单驱动业务配网管控模式的指导意见》。